能源与电力分析年度报告系列

2021
国内外电网发展分析报告

国网能源研究院有限公司 编著

中国电力出版社
CHINA ELECTRIC POWER PRESS

内 容 提 要

《国内外电网发展分析报告》是能源与电力分析年度报告系列之一，主要对典型国家和地区的电网发展环境和发展趋势进行持续跟踪，对比分析国内外电网发展水平，并总结电网技术最新进展和电网安全可靠性。

本报告主要分析了 2020 年国外主要国家和地区的电网发展环境和发展趋势；针对中国电网，进一步阐述和研判了发展环境、电网投资、电网规模、网架结构、配网发展、运行交易等情况；分析比较了 2020 年典型国家和地区电网发展水平，总结了碳中和背景下典型国家电网发展目标及路径；归纳阐述了 2020 年以来国内外电网相关技术的重要进展；阐述了 2020 年国内外电网安全与可靠性状况，剖析了典型停电事故的原因和启示，归纳了极端天气对电网安全运行的影响；最后，对推动新型电力系统构建下电网发展相关问题进行了专题研究。

本报告适合能源电力行业尤其是电网企业从业者、国家相关政策制定者、科研工作者、高校电力专业师生参考使用。

图书在版编目（CIP）数据

国内外电网发展分析报告. 2021/国网能源研究院有限公司编著 . —北京：中国电力出版社，2021.12
（能源与电力分析年度报告系列）
ISBN 978 - 7 - 5198 - 6230 - 5

Ⅰ. ①国… Ⅱ. ①国… Ⅲ. ①电网—研究报告—世界—2021 Ⅳ. ①TM727

中国版本图书馆 CIP 数据核字（2021）第 240043 号

审图号：GS（2020）6046 号

出版发行：中国电力出版社
地　　址：北京市东城区北京站西街 19 号（邮政编码 100005）
网　　址：http：//www.cepp.sgcc.com.cn
责任编辑：刘汝青（010-63412382）　关　童
责任校对：黄　蓓　郝军燕
装帧设计：赵姗姗
责任印制：吴　迪

印　　刷：北京瑞禾彩色印刷有限公司
版　　次：2021 年 12 月第一版
印　　次：2021 年 12 月北京第一次印刷
开　　本：787 毫米×1092 毫米　16 开本
印　　张：11.75
字　　数：160 千字
印　　数：0001—2000 册
定　　价：88.00 元

前 言
PREFACE

电网作为将电力输送至用户的重要媒介，其建设和发展水平在一定程度上反映所在国家和地区的能源电力行业的发展水平。随着世界范围内能源转型持续推进，电网在服务经济社会发展方面不断呈现出新的特点，有必要结合国内外宏观经济发展环境和能源电力政策，对电网发展、技术进步、安全与可靠性等进行持续跟踪分析，为政府部门、电力行业和社会各界提供决策参考和专业信息。

《国内外电网发展分析报告》是国网能源研究院有限公司推出的"能源与电力分析年度报告系列"之一，重点对国内外电网发展的关键问题开展研究和分析。本报告主要特点及定位：一是突出对电网发展领域的跟踪，从数据的延续性角度对国内外电网发展情况进行量化分析；二是建立国内外电网发展评价指标体系和方法，对比主要国家和地区的电网发展水平，分析碳中和目标下典型国家电网低碳发展目标及路径；三是突出年度报告特点，加强对数据的整理和分析，总结归纳电网的年度发展特点；四是结合新形势设立专题研究，体现当年电网发展热点和重点。

本报告共分为6章。第1章聚焦国外电网发展，分析了北美、欧洲、日本、巴西、印度、非洲、俄罗斯、澳大利亚等国家和地区电网发展环境和发展趋势；第2章聚焦中国电网发展，分析了电网发展环境、发展现状、发展成效和发展特点；第3章聚焦国内外电网发展对比分析，从规模与速度、安全与质量、协调发展、低碳发展、服务能力等方面构建指标体系，量化分析对比主要国家和地区电网发展水平，并对碳中和目标下电网发展进行对比分析；第 4 章聚焦电网相关领域技术发展，阐述了输变电、配用电、储能和电网数字化技术的年度发展重点；第 5 章聚焦电网安全与可靠性，对国内外电网安全与可靠性指标进行比较，对年度典型停电事故进行剖析，分析极端天气对电网运行的影响；第 6 章专题研究聚焦推动新型电力系统构建，研究了电网发展关键问题。

本报告中的经济、能源消费、电力装机容量、发电量、用电量、用电负荷、供电可靠性等指标数据，以各国家和地区 2020 年统计数据为准。限于数据来源渠道有限，部分指标的数据获取有所滞后，以 2019 年数据进行分析。重点政策、重大事件等延伸到 2021 年。

本报告概述部分由张玥、王旭斌、朱瑞、边海峰主笔，第 1 章由张玥、张晨、神瑞宝主笔，第 2 章由朱瑞、康伟、田鑫主笔，第 3 章由张玥、张晨、神瑞宝主笔，第 4 章由王旭斌、张琛、吴洲洋主笔，第 5 章由边海峰、谢光龙、柴玉凤主笔，第 6 章由王旭斌主笔。全书由张玥、王旭斌统稿，由韩新阳、靳晓凌、张钧、代贤忠、谢光龙、康伟校核。

在本报告的调研、收资和编写过程中，得到了国家电网有限公司研究室、发展部、安监部、营销部、科技部、国际部、国调中心及北京交易中心等部门和机构的指导帮助，中国电力企业联合会、电力规划设计总院、国网经济技术研究院有限公司、全球能源互联网研究院有限公司、中国电力科学研究院有限公司等单位相关专家也给予了大力支持，在此表示衷心感谢！

限于作者水平，虽然对报告进行了反复研究推敲，但难免仍会存在疏漏与不足之处，恳请读者谅解并批评指正！

编著者

2021 年 11 月

目　录
CONTENTS

概　　述

2020 年，受新冠肺炎疫情及相关防控措施的影响，全球经济总量同比降低
3.6%，电力需求下降约 2.0%，创下 1960 年以来最大年度降幅，中国成为全
球唯一经济正增长的主要经济体，电力需求同比增长 3.1%。2021 年，全球经
济和电力需求恢复性增长，预计同比增速分别达到 5.6% 和 5.0%❶。

经济发展和电力需求的短期波动，未影响全球低碳绿色发展态势。多国上
调减排承诺，中国提出碳达峰、碳中和的目标，中国电网发展进入构建以新能
源为主体的新型电力系统阶段。能源转型持续推进，电能占终端能源消费的比
重持续提高，可再生能源发电占比保持上升趋势，中国消纳新能源规模也将持
续攀升。

本报告对北美、欧洲、日本、巴西、印度、非洲、俄罗斯、澳大利亚等国
外典型国家和地区以及中国电网所处发展环境和发展情况进行分析，对比发展
水平，总结技术最新进展和安全与可靠性情况，并针对新型电力系统构建下电
网发展相关问题开展研究。主要结论和观点如下：

（一）国外电网发展情况

（1）电网发展环境：不同发展阶段经济体的能源消费情况分化。2020 年，
受疫情影响，各经济体能源消费总量皆不同程度下降，北美、欧洲、日本、巴
西、印度、非洲、俄罗斯、澳大利亚分别同比降低 7.5%、6.7%、7.2%、
2.2%、3.4%、2.4%、4.8%、0.2%；能源消费强度发达经济体和发展中经济
体表现不同，北美、欧洲、日本、俄罗斯分别同比降低 4.0%、0.7%、2.5%、
1.2%，巴西、印度、非洲分别同比上升 2.3%、4.3%、0.8%。2021 年以来，
各经济体应对疫情的成效不同，能源消费总体回升，能源消费强度分化。**多国
持续推进清洁低碳转型和电力市场建设。**美国重返《巴黎协定》，兼顾清洁能
源和传统化石能源发展。欧洲立法应对气候变化，持续推进能源系统一体化。
日本提高 2030 年碳减排目标。巴西推出国家生物燃料政策促进碳减排。印度持

---

❶　经济总量数据来源为世界银行，电力需求数据来源为国际能源署。

续大力发展可再生能源，限制部分电力进出口，近期提出 2070 年碳中和承诺。非洲大力推动可再生能源发展，推进统一电力市场建设。俄罗斯推动建设欧亚经济联盟共同电力市场。澳大利亚推动分布式能源发展，提高大型可再生能源并网稳定性。

（2）电网发展趋势：各国家和地区电力供应清洁转型趋势持续，可再生能源发电装机容量和发电量增速明显。从装机容量看，2020 年世界主要国家或地区可再生能源装机容量增速明显高于装机总量增速，北美、欧洲、日本、巴西、印度、非洲、俄罗斯、澳大利亚可再生能源装机容量增速分别达到 9.4％、5.7％、8.1％、3.9％、6.2％、5.0％、2.8％、20.7％。从发电量看，2020 年北美、日本、澳大利亚等国家和地区可再生能源发电量增长迅速，较上年分别增长 10.9％、16.9％、13.8％。**各国家和地区电网规模稳步增长**。2020 年，各国家和地区电网规模保持增长，主要满足新能源的接入和消纳，北美、印度、欧洲 220kV 及以上输电网线路回路长度超过 40 万 km。欧洲互联电网、澳大利亚东南部联合电网、俄罗斯联合电力系统持续加强，日本规划建设或升级多条主干输电线路和东西部电网联络换流站，巴西继续寻求南美区域电网互联，与多国规划建设互联通道。

（二）中国电网发展情况

（1）电网发展环境：在全球主要经济体中经济增长亮眼，能源消费增速放缓。2020 年，中国 GDP 突破百万亿元大关，达 101.6 万亿元，稳居世界第二位，同比增长 2.3％，增速位居第一位。2021 年前三季度 GDP 同比增长 9.8％，增速依然名列前茅。能源消费总量达到 3381Mtoe，同比增长 3.0％，增速较上年下降 0.8 个百分点。**助力"碳达峰、碳中和"目标实现，构建以新能源为主体的新型电力系统**。习近平总书记在第七十五届联合国大会一般性辩论上向世界展示了中国减排二氧化碳的决心，同时宣布"双碳"目标。中央财经委员会第九次会议提出构建以新能源为主体的新型电力系统。政府出台多项政策大力推动可再生能源发展，要求提高电网对高比例可再生能源的消纳和调控能力，电网企业相继发布"碳达峰、碳中和"行动方案和构建新型电力系统行动方案。

（2）电网发展情况：输电网结构不断加强，资源配置持续优化。 截至 2021 年 9 月，中国在运特高压工程达到"十四交十八直"。华北形成"两横三纵一环网"交流特高压主网架，华东形成特高压交流环网，华中四省与西南电网实现异步互联，川渝电网实现与藏中的 500kV 联网，东北、西北主网架进一步加强，南方电网形成了"八交十一直"的西电东送主网架。在能源基地和负荷中心的调配中，"南北互供"形成以华北电网为枢纽的干线通道，"西电东送"基本建成以华中电网为骨架的传输网络，西电东送规模同比增长 16.8%。**供配电能力持续增强，用电环境持续优化。** 配电网投资力度不断加大，2020 年全国电网投资 4896 亿元，其中配电网投资占比 57.4%。配电网规模稳步提升，截至 2020 年底，35～110kV 配电网线路长度 126 万 km，同比增长 4.3%，户均配变容量达到 2.45kV·A。配电网智能化水平不断提升，智能终端覆盖率达到 95% 以上。营商环境持续优化，"获得电力"排名跃居世界第 12 位。如期完成"三区三州"深度贫困地区农村电网改造升级，为脱贫攻坚取得全面胜利提供了坚强电力保障。

（三）国内外电网发展对比分析

（1）建立了电网发展水平对比分析指标体系，可以综合量化评价各国家和地区的电网发展水平。 涵盖规模与速度、安全与质量、协调发展、低碳发展、服务能力、智能化水平 6 个一级维度，包含 18 个分属源侧、网侧、荷侧的可量化指标。

（2）各国家和地区电网处于不同发展阶段，发达经济体在电网安全与质量、低碳发展水平等方面保持领先，发展中经济体在电网发展速度、电价水平等方面具有优势。 北美、欧洲、澳大利亚、日本等发达国家和地区，电力需求基本饱和，电网相对成熟，规模保持稳定，处于低速稳定发展阶段，具有较高可靠性和输电效率，低碳发展水平较高，但源网荷发展协调性存在差异，日本、澳大利亚、欧洲平均电价较高。中国、印度、巴西、非洲等发展中国家和地区，电网规模处于中高速发展阶段，可靠性和输电效率有待提升，低碳发展空间较大，电网发展普遍超前于电源和负荷发展，电价处于较低水平。俄罗斯电网保持中速发展，电价优势明显。

（3）中国电网发展总体处于世界先进水平。电网发展规模与速度居于世界首位，220kV 及以上电网线路回路长度达到 79.4 万 km，近五年平均增速约 5.4％；安全与质量总体处于中等水平，供电可靠性仍有提升空间；源、网、荷之间具有较好的发展协调性；低碳发展水平位于中上游，可再生能源发电量占比和电能占终端能源消费比重分别达到 28.4％和 28.2％；电力服务能力强而普惠。

（4）碳中和目标下，部分国家研究制定了电力系统低碳发展目标和电网发展路径。美国提出到 2035 年电力行业实现无碳化的目标，将转型低碳电源结构，提高电网输送能力，推动储能发展。欧盟提出可再生能源发电装机占比 2030 年超过 32％，2050 年超过 80％的愿景，提出要构建以电网为骨干的清洁化、电气化和数字化的能源系统。日本 2030 年可再生能源发电量占比目标提高至 36％～38％，提出电网五大重点发展方向：构建适应可再生能源为主的电网、高效利用现有系统应对阻塞、发展源荷互动技术、保持电能质量、提升偏远地区离网供电能力。中国提出构建以新能源为主体的新型电力系统，2030 年风电、太阳能发电装机容量合计达到 12 亿 kW 以上。

（四）电网技术发展情况

（1）特高压"卡脖子"技术持续突破，陆上和海上灵活输电技术深化应用，电力主控芯片技术突破提升，有效提升了电网潮流的灵活控制能力。特高压技术攻关集中于套管研发等核心技术，并加强配套调相机等调节装置研究。分布式潮流技术和海底柔性直流联网技术逐步推广应用，解决网络阻塞和容量闲置问题，提升清洁能源输送能力。电力主控芯片实现较大突破，最大限度保障了电网关键核心元器件供应链安全、稳定。

（2）配用电技术在支撑多能融合发展中持续深化应用，交直流配电技术发展标准化、规范化，微网、车桩网互动、智慧变电站和智慧能源站等技术进一步丰富多能综合利用的功能场景。 交直流配电系统规划、设计、运行等相关技术规范和导则相继出台，为适应高密度分布式能源灵活接入电力系统提供了标准。微网技术发展主要聚焦分布式能源集成与互补，实现内部供需平衡、信息共享、安全自治并且能够与大电网系统支撑互动的能源互联网概念节点。在以电为核心的能源互联网建设目标驱动下，充电站点的建设与多站融合项目协同发展。车联网规模进一步扩大，在先进信息通信技术支撑下，电动汽车业务与电网甚至能源网业务深度融合。智慧能源站技术以低碳、零碳为明确发展目标，通过构建综合能源管理平台，实现"源-网-荷-储"相关信息实时采集分析，快速形成协调优化控制方案。通过先进信息通信技术和基于传感器的信息技术，实现变电站状态全感知和信息互联共享。

（3）混合型飞轮储能、大容量压缩空气储能、重力势能等物理储能，锂电池、液流电池等化学储能，以及氢储能等技术深化应用，不断提升多时间尺度灵活调节能力。 混合型飞轮储能技术可持续提供备用电力和辅助服务，大容量压缩空气储能和重力势能储能可满足系统安全运行长时储能需求。锂电池技术持续突破循环寿命和安全限制，全锂电、全移动、预装式锂电池储能电站示范应用，全钒液流电池储能系统保障紧急服务和社区电力供应，氢电双向转换及储能一体化系统投运，氢储能在技术不断提升的同时加快拓展应用场景。

（4）大数据、人工智能、区块链、5G 通信技术在数字能源、调度运行、检修运维、数据安全共享等方面融合应用，有力支撑电网业务向能源互联网业务的转型升级。 基于大数据管理平台强大的数据整合功能，打通能源系统数据壁垒，多渠道、全方位汇聚并共享数据。人工智能在调度管理、机器人带电作业、智能巡检等业务领域深化应用，并在电网生产全流程环节探索性应用，将进一步增强电网运行与维护的自动性、智能性、安全可靠性。区块链技术与 5G、大数据、人工智能等技术进一步融合应用于更多电网业务场景。5G 电力通信的低时延及高可靠性的信息传递能力继续在电网保护系统、配电网自动化等业务领域深度应用，并且通过跨行业的资源深度整合大幅降低成本。

（五）电网安全与可靠性

(1) 国外电网可靠性情况。2020 年，美国户均停电频率 1.37 次/户，户均停电时间 455min/户，主要受极端天气和自然灾害影响。2020 年，英国电网户均停电时间 33.11min/户，为近五年最低。2019 财年，日本户均停电频率 0.23 次/户，户均停电时间 85min/户，低于 2018 年值，但仍高于 2011 年至 2017 年水平。2019 年，德国户均停电时间为 12.2min/户，较上年微降，2009 年以来，户均停电时间一直保持在 16min/户以下。

(2) 中国电网可靠性情况。2020 年，全国平均供电可靠率 99.865%，同比提升 0.022 个百分点；户均平均停电时间 11.87h/户，同比降低 1.85h/户；户均平均停电频率 2.69 次/户，同比降低 0.30 次/户。其中，全国城市地区、农村地区平均供电可靠率分别为 99.945% 和 99.835%，户均平均停电时间分别为 4.82h/户和 14.51h/户，户均平均停电频率分别为 1.17 次/户和 3.25 次/户。

(3) 典型停电事件分析。2020 年以来，全球发生大停电多起，典型的 5 次分别在委内瑞拉、美国得州和加州、巴基斯坦、中国台湾。

(4) 电力系统应对极端天气存在的薄弱环节。面对极端天气多发威胁，电源侧、电网侧和用户侧都存在薄弱环节。电源侧，火电厂燃料供应受极端天气影响较大，发电设备抗灾能力有待提升，新能源发电涉网性能偏低；电网侧，部分地区电网网架仍然薄弱，地下/半地下变电站、电缆混敷等多种挑战风险始终存在；用户侧，应急电源配置亟待加强，安全管控工作存在短板。

（六）构建新型电力系统对电网发展提出新要求

双碳目标下新型电力系统的构建，将对电网安全高效运行带来全局性、系统性的挑战，需要提升电力系统灵活调节能力，建立安全责任共担机制，强化多主体安全应急协同保障，加强新型电力系统支撑技术创新驱动。

可以建立多层级源网荷储多时间尺度灵活性资源池，满足灵活应对系统不确定性的平衡需求；充分利用新能源时空互补特性，深化气象预测技术应用，提升新能源自身调节能力；考虑局部配电网、微电网自平衡能力，以自下而上的分层分区网格化平衡方式保障系统平衡；强化大电网与微电网、局部电网的分区安全保障；完善电网分区平衡单元参与的电力市场运行机制；提高新能源并网标准，强化新能源主体安全履责能力；完善电网内外部应急响应联动机制，保障极端情况下应急的及时性、有效性；推动建立网络安全协同治理体系，提升多主体网络应急水平；强化新型电力系统规划运行基础支撑技术；积极部署前瞻性、颠覆性技术攻关和应用。

1

国外电网发展

⚡ 章节要点

不同经济社会发展环境下，世界各国家和地区电网发展差异明显，但普遍面临降低碳排放、推动能源转型、适应新能源发展、优化配置能源资源、提高电网安全运行水平等需求。北美、欧洲、日本等发达国家和地区电力需求基本饱和，电网保持低速平稳发展，主要在于转型适应低碳电源结构。以巴西、印度等为代表的发展中国家经济快速发展，电网保持高速发展以满足电力需求增长，加大跨区域输电通道建设，满足能源资源配置需求。俄罗斯、澳大利亚电网保持中速发展，主要满足能源结构的优化以及可再生能源的大规模接入。非洲电力基础设施还比较薄弱，电力普及率不高，太阳能等可再生能源资源丰富，有较大发展空间。2020 年世界主要国家和地区电网发展特点如下：

电网发展环境方面：不同发展阶段经济体能源消费情况分化。受疫情影响，各经济体能源消费总量皆不同程度下降，其中，北美、日本大幅下降超过 7%，澳大利亚、巴西仅下降 2% 左右；发达经济体和发展中经济体的能源强度表现不同，北美、欧洲、日本等发达经济体保持下降，印度、巴西、非洲等欠发达经济体则不同程度攀升。**多国持续推进清洁低碳转型和统一电力市场建设**。美国重返《巴黎协定》，兼顾清洁能源和传统化石能源发展。欧洲立法应对气候变化，持续推进能源系统一体化。日本提高 2030 年碳减排目标。巴西推出国家生物燃料政策促进碳减排。印度持续大力发展可再生能源，限制部分电力进出口。非洲大力推动可再生能源发展，推进统一电力市场建设。俄罗斯推动建设欧亚经济联盟共同电力市场。澳大利亚推动分布式能源发展，提高大型可再生能源并网稳定性。

电网发展情况方面：供应侧清洁转型持续推进，但受疫情影响，电力需求不同程度回落。从电力供应看，各国装机均小幅增长，太阳能、风能、生物质能等可再生能源为最大增长动力，其中，澳大利亚可再生能源装机增速最大，超过20％。从发电量看，各国不同程度降低，印度降幅超过13％，欧洲、俄罗斯同比降低约3.5％，巴西降幅约1.8％。从电力消费看，受疫情影响，各国用电量均有所下降，印度降幅最大超过9％，北美、欧洲、澳大利亚同比降低约4％，巴西降幅最小约1.6％。**各国家和地区电网规模稳步增长，区域间互联保持推进**。各国电网规模保持增长，电网规模发展主要满足新能源的接入和消纳，其中巴西、印度增速较快，分别达到5.4％和4.0％，北美、印度、欧洲220kV及以上输电网线路回路长度超过40万km。电压等级方面，俄罗斯最高电压等级达到1150kV，其他国家和地区最高电压等级为800～500kV。欧洲、俄罗斯、澳大利亚、非洲、巴西、印度等多国（地区）都继续推动区域电网互联，日本东西部电网、澳大利亚东南部联合电网、俄罗斯联合电力系统持续加强，北非五国实现同步互联，与欧洲西部同步联网，南非各国也基本实现互联，西部电网互联较弱。

1.1　北美电网

北美地区●主要包括美国和加拿大两个国家，两国为美洲地区仅有的发达国家，一体化程度较高，也是北美联合电网❷的主要组成部分。北美联合电网区域分布如图1-1所示。

图 1-1　北美联合电网区域分布

来源：NERC。

---

❶　本节中所指北美地区包含美国和加拿大。

❷　北美联合电网由美国东部电网、西部电网、得州电网和加拿大魁北克电网四个同步电网组成，覆盖美国、加拿大和墨西哥境内的下加利福尼亚州。

1.1.1 电网发展环境

（一）经济发展

2020 年，北美地区生产总值（GDP）为 19.56 万亿美元，同比降低 3.67％。其中，美国降至 17.71 万亿美元，同比降低 3.49％，仍为全球最大的经济体；加拿大降至 1.85 万亿美元，同比降低 5.4％。2016－2020 年北美地区 GDP 及其增长率如图 1-2 所示。

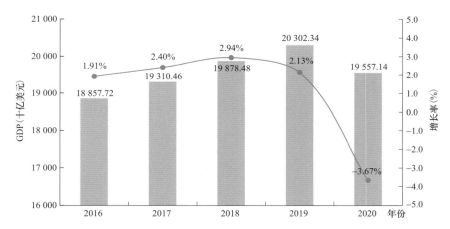

图 1-2　2016－2020 年北美地区 GDP 及其增长率（以 2010 年不变价美元计）

数据来源：World Bank。

（二）能源消费

受疫情影响，2020 年北美地区能源消费总量和能源强度双下降。能源消费总量为 2326.52Mtoe，同比下降 7.49％；能源强度为 0.111 8kgoe/美元（2015 年购买力平价），同比下降 3.98％。2016－2020 年北美地区能源消费总量、能源强度及其增长率如图 1-3 所示。

（三）能源电力政策

（1）美国重返《巴黎协定》。美国总统拜登于宣誓就职的当天宣布美国重返应对气候变化的《巴黎协定》，后续又相继签署了《关于应对国内外气候危机的行政令》和《设立总统科学技术顾问委员会的行政令》，为其任期内的气

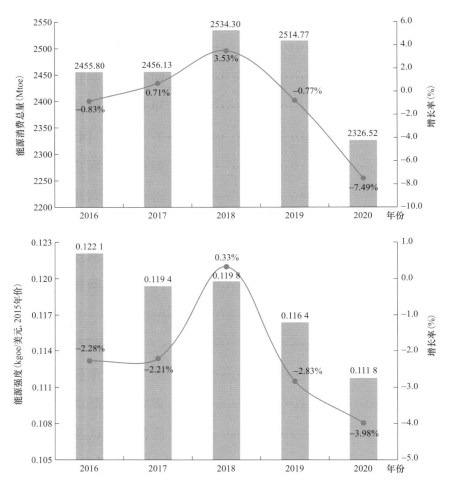

图 1-3 2016—2020 年北美地区能源消费总量、能源强度及其增长率

数据来源：Enerdata，Energy Statistical Yearbook 2021。

候变化政策确定了基本框架。相关行政命令提出设立国家气候工作组、白宫气候政策办公室、总统科学技术顾问委员会等具体措施，明确美国在 2050 年前实现全经济领域零排放的战略目标，以及 2022 年停止化石能源领域补贴、2035年前实现电力领域碳中和等阶段性目标。

（2）兼顾清洁能源和传统化石能源发展，实现平稳转型。拜登政府制定专门计划加强可再生能源开发，到 2030 年将海上风能增加 1 倍，到 2035 年实现电力部门的碳中和，积极促进电动汽车发展，在 2030 年底之前新建超过 50 万个公共充电网点，恢复全额电动汽车税收抵免，鼓励购买新能源车。同时，通过减少补贴、提高排放与环保标准等政策手段，引导、鼓励化石能源行业"提高能效、节约能源、传统能源清洁化"，逐步实现低碳转型。

1.1.2　电网发展分析

（一）电力供应

北美地区电力总装机依旧保持微增长，新增装机以风电、太阳能发电为主，火电装机容量下降1.78%。截至2020年底，北美电力总装机容量达到14.10亿kW，同比增长1.23%。其中，火电装机容量占比61.09%，仍为第一大电源；太阳能发电和风电装机容量合计占比达16.84%，超过水电份额。新增装机主要来自太阳能发电和风电，装机分别增加2115万kW和1709万kW，增速分别为26.31%和14.37%。2016—2020年北美地区电源结构如图1-4所示。

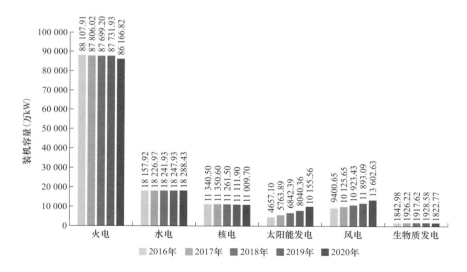

图1-4　2016—2020年北美地区电源结构

数据来源：Global Data。

北美地区发电量稳中有降。2020年，北美地区总发电量4.71万亿kW·h，同比降低0.33%。其中，火电发电量同比降低4.87%，占比53.77%；核电同比降低1.43%，占比18.66%；水电同比增加6.57%，占比13.80%；非水可再生能源发电同比增长 15.47%，占比 13.77%。2016－2020 年北美地区不同电源类型发电量如图 1-5 所示。

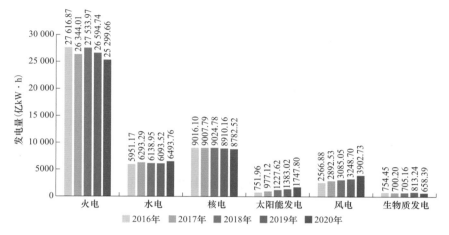

图 1-5　2016－2020 年北美地区不同电源类型发电量

数据来源：Global Data。

（二）电力消费

受疫情影响，北美地区用电量明显下降。2020 年北美地区全社会用电量为 4.13 万亿 kW·h，同比降幅达 4.07%。2016－2020 年北美地区用电量及其增长率如图 1-6 所示。

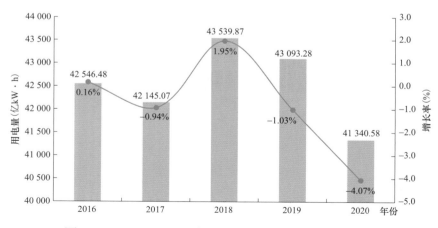

图 1-6　2016－2020 年北美地区用电量及其增长率

数据来源：Global Data。

北美电网最大用电负荷缓慢增长。2020 年，北美最大用电负荷达到 78 922 万 kW，同比增长 0.38%。其中，得州电网最大用电负荷增速最快，达到 1.22%。2016—2020 年北美不同电网最大用电负荷如图 1-7 所示。

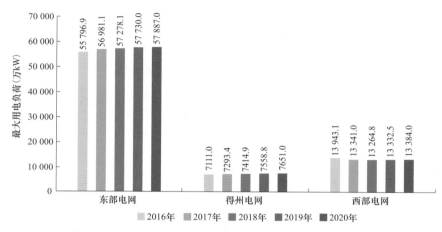

图 1-7　2016—2020 年北美不同电网最大用电负荷

（三）电网规模

北美地区网架结构已较为成熟，输电网规模略有上升。2020 年，北美电网 200kV 及以上电压等级线路长度达到 42 万 km，同比增长 1.84%，其中，直流线路长度增速达到 6.10%，增速最快。2016—2020 年北美电网 200kV 及以上输电线路长度见表 1-1。

表 1-1　　　　2016—2020 年北美电网 200kV 及以上输电线路长度　　　　km

电压等级	2016 年	2017 年	2018 年	2019 年	2020 年
200～299kV	189 609	195 444	197 275	201 571	205 276
300～399kV	114 654	117 363	117 807	118 755	119 557
400～599kV	56 929	57 918	61 140	63 919	66 094
600kV 及以上	15 992	16 096	16 343	16 396	16 442
直流线路	11 703	13 022	14 780	15 785	16 750
合计	388 887	399 843	407 345	416 426	424 119

数据来源：Global Data。

（四）网架结构

北美地区电网建设主要目标是提供可再生能源电力输送通道，以及解决电网稳定性和供电可靠性等问题。2021－2025年，规划或在建线路共计4897条，其中，450/500kV及以上线路197条，200kV～345kV线路1030条。部分规划或在建的北美输电项目见表1－2。

表1－2　　　　　　　部分规划或在建的北美地区输电项目

项目名称	国家	电力公司	电压等级（kV）	投产或预计投产年份
盖蒙－塔尔萨线	美国	美国电力公司	765	2021
帕尔米拉－波尼线	美国	密苏里州电力	765	2021
波尼－波顿线	美国	密苏里州电力	765	2021
大塔－罗克波特线	美国	密苏里州电力	765	2021
泽弗高压直流输电工程	美国	杜克输电公司	500	2023
梅迪辛博－莫娜线	美国	落基山电力	500	2021
黑鹰－黑兹尔顿线	美国	中美能源公司	345	2021
米库阿－萨格内线	加拿大	魁北克省电力局	735	2022
柏树风电场－输电线路983L	加拿大	阿尔伯塔电力公司	240	2021
利明顿－湖滨线	加拿大	水电第一电力公司	230	2021
伯特尔输电线路	加拿大	萨斯喀彻温省电力公司	230	2021

数据来源：Global Data。

（五）运行交易

北美联合电网交易电量略有下降，美国进口电量增长较大，出口电量有所降低。2020年，北美进出口电量755.84亿kW·h，同比降低4.40%，主要原因是受疫情影响各国用电量大幅降低，相应的电力互济需求下降。2016－2020年美国跨境电力交易量见表1－3。

表 1-3　　　　　　　2016—2020 年美国跨境电力交易量　　　　亿 kW·h

年份	加拿大		墨西哥			合计		
	进口电量	出口电量	进口电量	出口电量	进口电量	出口电量	进出口电量	
2016	93.03	731.03	34.62	86.12	727.16	62.14	789.30	
2017	98.93	720.4	23.32	78.75	656.85	93.71	750.56	
2018	131.95	614.01	39.4	74.03	582.61	138.04	720.65	
2019	133.49	603.41	40.32	79.15	590.52	200.08	790.60	
2020	91.66	824.98	37.92	77.79	614.09	141.75	755.84	

1.2　欧洲互联电网

欧洲互联电网❶包括欧洲大陆、北欧、波罗的海、英国、爱尔兰五个同步电网区域，此外还有冰岛和塞浦路斯两个独立系统，由欧洲输电联盟（EN-TSO-E）负责协调管理。欧洲电网分布如图 1-8 所示。

1.2.1　电网发展环境

（一）经济发展

2020 年，除了受新冠肺炎疫情影响，作为原欧盟第二大经济体的英国正式退出欧盟，使得欧盟的 GDP 出现严重缩水。欧盟地区 GDP 为 15.53 万亿美元，同比下降 6.22%。其中，主要经济体德国同比下降 4.90%，法国同比下降 8.12%，意大利同比下降 8.87%。2016—2020 年欧盟地区 GDP 及其增长率如图 1-9 所示。

（二）能源消费

2020 年，欧洲地区能源消费总量大幅下降至 1688.67Mtoe，同比降低 6.74%。欧洲地区能源强度持续下降为 0.071 8kgoe/美元（2015 年价），能源

---

❶　由于数据库来源不同，欧洲地区经济及能源电力统计数据涉及国家略有差异。

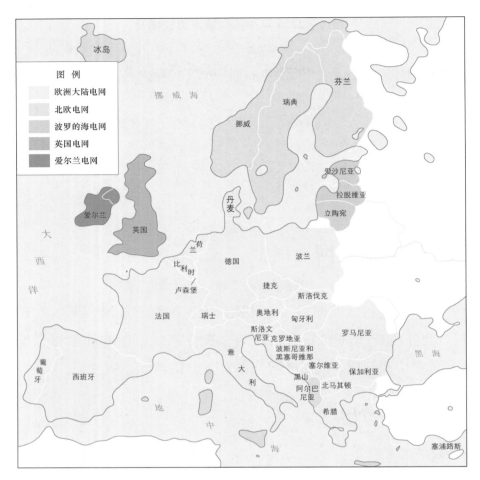

图 1-8 欧洲电网分布

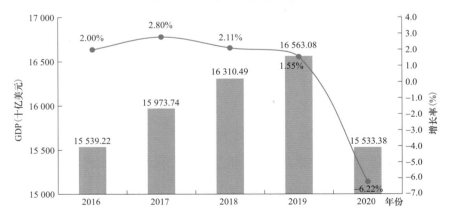

图 1-9 2016—2020 年欧盟地区 GDP 及其增长率（以 2010 年不变价美元计）

数据来源：World Bank。

强度在全球各大洲中仍为最低。2016—2020 年欧洲地区能源消费总量、能源强度及其增长率如图 1-10 所示。

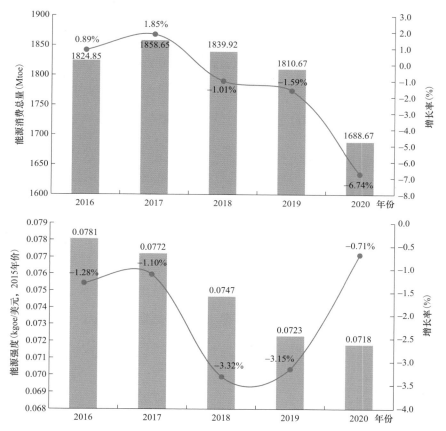

图 1-10 2016—2020 年欧洲地区能源消费总量、能源强度及其增长率

数据来源：Enerdata，Energy Statistical Yearbook 2021。

（三）能源电力政策

（1）立法应对气候变化。2021 年 6 月 28 日，欧盟通过了欧洲首部气候法《欧洲气候法案》，预计欧盟将根据该法律对各类政策进行较大调整。此次通过的《欧洲气候法案》更新了此前《欧洲绿色协议》的政治承诺，使 2050 年欧盟实现"气候中立"成为一项具有约束力的义务，并强调氢能的重要性。

（2）推进欧盟能源系统一体化。2020 年 7 月，欧盟委员会提出欧盟能源系统一体化战略，旨在通过整合不同能源运营商、基础设施和消费部门，实现多种能源系统间的协调规划和运行，建设高效、低成本、深度脱碳的能源系统。

（3）加强电网基础设施。2020 年 11 月，ENTSO-E 发布了《十年网络发展计划 2020》（Ten-Year Network Development Plan，简称 TYNDP 2020）。此计划从整体上着眼于欧洲未来的电力系统，通过加强电力互联和存储能力，以一种兼顾成本效益和安全的方式助力欧洲能源转型。

1.2.2 电网发展分析

（一）电力供应

2020 年，欧洲地区电力总装机容量为 12.24 亿 kW，同比增长 2%。其中，太阳能发电、风电增长迅速，同比增长分别为 14.60% 和 5.83%，装机容量分别达到 1.63 亿 kW 和 2.08 亿 kW，占总装机容量的 30.33%。非可再生能源发电继续呈现负增长。2016—2020 年欧洲地区电源结构如图 1-11 所示。

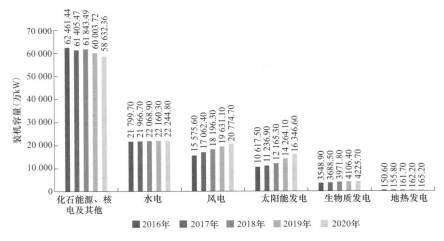

图 1-11　2016—2020 年欧洲地区电源结构

数据来源：IRENA。

2020 年，欧洲地区发电量继续小幅下降，总发电量 3.72 万亿 kW·h，同比降低 3.45%。其中，可再生能源发电量同比增长 7.65%，占比进一步提升到 42.75%；化石能源、核能及其他能源发电量同比减少 11%。2016—2020 年欧洲地区不同电源类型发电量如图 1-12 所示。

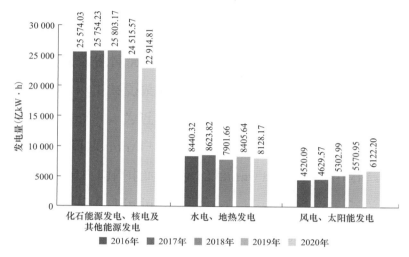

图 1-12 2016—2020 年欧洲地区不同电源类型发电量

数据来源：Enerdata，Energy Statistical Yearbook 2021。

（二）电力消费

欧洲地区用电量在 2019 年、2020 年连续两年负增长。2020 年，欧洲地区用电量总计 3.25 万亿 kW·h，同比降低 3.89%。其中，用电量排名前三的是德国、法国和英国，占比分别为 13.02%、15.03%、8.79%。2016—2020 年欧洲地区用电量及其增长率如图 1-13 所示。

（三）电网规模

欧洲地区输电网规模保持小幅增长。欧洲电网以陆地交流互联为主，跨海直流互联为辅，主网架以 380kV 为主，常见的电压等级为 220、330、380、400kV 和 750kV。2020 年 220kV 及以上线路长度达到 32.592 万 km，同比增长 1%。各电压等级输电线路规模同比均有微增，其中，220～330kV 线路增长 0.75%，380～400kV 线路增长 1.26%，420～800kV 线路增长 0.23%。220kV

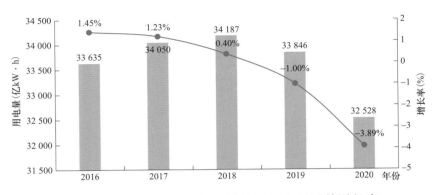

图 1-13　2016—2020 年欧洲地区用电量及其增长率

数据来源：Enerdata，Energy Statistical Yearbook 2021。

及以上输电线路累计输电容量 91.38 万 MW，同比增长 1.22%，220kV 以上各电压等级线路累计输电容量增长均在 1% 左右。2016—2020 年欧洲地区 220kV 及以上输电线路长度和传输容量见表 1-4 和表 1-5。

表 1-4　　　2016—2020 年欧洲地区 220kV 及以上输电线路长度　　　　km

电压等级	2016 年	2017 年	2018 年	2019 年	2020 年
220～330kV	141 297	141 750	142 433	143 038	144 107
380～400kV	162 578	165 258	166 615	168 745	170 876
420～800kV	7523	8057	7883	7901	7919
直流	2843	2855	2855	3018	3018
合计	314 241	317 920	319 786	322 702	325 920

数据来源：Global Data。

表 1-5　　2016—2020 年欧洲地区 220kV 及以上输电线路累计传输容量　　MW

电压等级	2016 年	2017 年	2018 年	2019 年	2020 年
220～330kV	441 789	460 552	473 392	480 631	486 072
380～400kV	374 155	385 662	395 197	401 649	407 257
400kV 及以上	18 366	18 491	19 490	20 489	20 489
合计	834 311	864 706	888 079	902 769	913 818

数据来源：Global Data。

（四）网架结构

在 ENTSO-E 发布的 TYNDP 2020 计划中，包含 37 个国家的 154 个输电项目,其中 97 个为跨国输电项目,可增加近 9 万 MW 的输电能力。此计划 54% 的投资是架空线路,26% 的投资是地下和海底电缆,其他投资包括变电站、无功补偿装置、移相变压器或换流站。TYNDP 2020 展示了超过 46 000km 的线路开发潜力,其中 19 000km(41%)是交流电缆,27 000km(59%)是直流电缆,一半将在未来 5 年内投入使用,其余将在 2025 年至 2035 年之间投入使用。

154 个传输项目中分布在 4 个电力通道:27 个在北海海上电网通道 (North Seas offshore grid - NSOG),57 个在南北互联电网西欧通道(North - south electricity interconnections in western Europe - NSI West),53 个在南北互联电网东欧通道(North - south electricity interconnections in eastern Europe - NSI East),17 个在波罗的海能源市场互联通道(Baltic Energy Market Interconnection Plan - BEMIP)。目前,32 个输电项目正在建设中,44 个项目正在批准过程中,27 个项目已列入国家发展计划,但尚未进入批准阶段。2020 年欧洲地区新建的主要跨国线路见表 1 - 6。

表 1 - 6　　　　　　　　2020 年欧洲地区新建的主要跨国线路

地区	项目名称	项目内容	预计试运行时间
黑山—意大利	Lastva - Villanova HVDC Ⅱ 互联线路	新建 2 条陆上直流线路和 1 条 445km 500kV 直流海底电缆连接意大利和黑山	2026 年
土耳其—罗马尼亚	土耳其—罗马尼亚互联线路	电压等级 400kV,长度 400km,线路传输容量 600MW	2025 年
英国—丹麦	Bicker Fen - Revsing 互联线路	电压等级 525kV,长度 760km,线路传输容量 1400MW	2023 年
意大利—奥地利	意大利—奥地利互联线路	电压等级 200kV,长度 26km,线路传输容量 300MW	2022 年
立陶宛—波兰	LitPol Link Ⅱ	电压等级 400kV,回路长度 108km,线路传输容量 1870MW	2023 年

续表

地区	项目名称	项目内容	预计试运行时间
保加利亚一希腊	保加利亚一希腊互联线路	电压等级 400kV，回路长度 152km，线路传输容量 1500MW	2022 年
法国一比利时	奥地利一德国互联线路	电压等级 400kV，回路长度 80km，线路容量 1000MW	2022 年
斯洛文尼亚一克罗地亚	Cirkovce‐Heviz‐Zerjavinec 互联线路 Line	电压等级 400kV，回路长度 80km，线路传输容量 1200MW	2021 年

数据来源：Global Data。

（五）运行交易

欧洲地区跨国联络线路整体规模保持稳定，成员国内部电力交易频繁。2020 年欧洲地区国家之间进出口电量超过 1 万亿 kW•h，净交易电量为 188.42 亿 kW•h，同比降低 0.34%。其中，法国、瑞典、挪威为主要电力出口国，净出口电量分别为 445.62 亿 kW•h、249.25 亿 kW•h 和 204.72 亿 kW•h；意大利和英国为主要电力进口国，净进口电量分别为 322.16 亿 kW•h 和 179.10 亿 kW•h。2016—2020 年欧洲地区净交易电量及其增长率如图 1-14 所示。

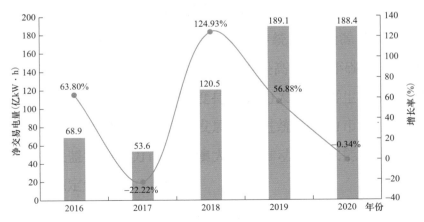

图 1-14　2016—2020 年欧洲地区净交易电量及其增长率

数据来源：Enerdata，Energy Statistical Yearbook 2021。

1.3　日本电网

日本列岛（不含冲绳地区）电网以本州为中心，分为西部电网和东部电网。西部电网包括中国、四国、九州、北陆、中部和关西 6 个电力公司，骨干网架为 500kV 输电线路，频率为 60Hz，由关西电力公司负责调频。东部电网包括北海道、东北和东京 3 个电力公司，骨干网架为 500kV 输电线路，频率为 50Hz，由东京电力公司负责调频。东部电网、西部电网采用直流背靠背联网，通过佐久间（30 万 kW）、新信浓（60 万 kW）和东清水（30 万 kW）三个变频站连接。此外还包含独立于东、西部电网的冲绳地区电网。大城市电力系统均采用 500kV、275kV 环形供电线路，并以 275kV 或 154kV 高压线路引入市区，广泛采用地下电缆系统和六氟化硫（SF$_6$）变电站。日本供电区划示意如图 1-15 所示。

图 1-15　日本供电区划示意

来源：OCCTO。

1.3.1 电网发展环境

（一）经济发展

受疫情影响，日本经济下滑明显。2020 年，日本 GDP 为 5.90 万亿美元，同比下降 4.6%。2016—2020 年日本 GDP 及其增长率如图 1-16 所示。

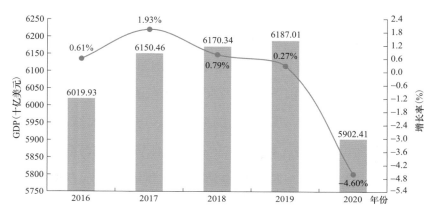

图 1-16 2016—2020 年日本 GDP 及其增长率（以 2010 年不变价美元计）

数据来源：World Bank。

（二）能源消费

日本能源消费总量与能源强度均呈下降趋势。2020 年，日本能源消耗总量为 386.32Mtoe，同比下降 7.22%，能源强度继续保持下降趋势，达到 0.075 9kgoe/美元（2015 年价），同比下降 2.54%。2016—2020 年日本能源消费总量、能源强度及其增长率如图 1-17 所示。

（三）能源电力政策

2020 年 10 月，日本首相宣布到 2050 年实现碳中和。2021 年 1 月，日本经济产业省发布了《绿色增长战略》，确定了日本到 2050 年实现碳中和目标的路线图，并以此促进日本经济的持续复苏。2021 年 7 月，日本经济产业省发布第六版《基本能源计划草案》，以书面形式确定 2030 年碳减排削减量由 26% 提高到 46%（与 2013 年排放水平相比），并提出进一步压缩火电机组发电量占比，

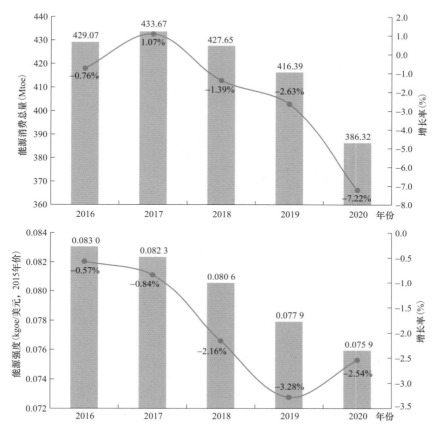

图 1-17　2016—2020 年日本能源消费总量、能源强度及其增长率

数据来源：Enerdata，Energy Statistical Yearbook 2021。

其中，燃煤机组从 26% 下调至 19%，天然气机组从 27% 下调至 20%；大幅提升可再生能源发电量比例，由 22%～24% 上调至 36%～38%。

1.3.2　电网发展分析

（一）电力供应

截至 2020 财年，日本发电装机容量为 3.56 亿 kW，同比增长 0.36%。其中，火电装机容量 1.93 亿 kW，同比增加 0.86%；风电装机 443 万 kW，同比增长 13%；太阳能发电装机 7145 万 kW，同比增长 13%。2016—2020 财年日本电源结构如图 1-18 所示。

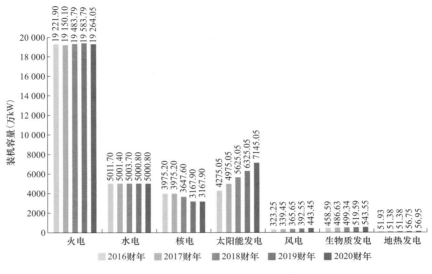

图 1 - 18　2016—2020 财年日本电源结构

数据来源：Global Data。

2020 财年，日本发电量为 9629 亿 kW·h，同比减少 1.69％。核电发电量降幅明显，同比降低 32.35％。光伏发电量和风力发电量快速增加，分别同比增长 14.78％和 32.88％。2016—2020 财年日本不同电源类型发电量如图 1 - 19 所示。

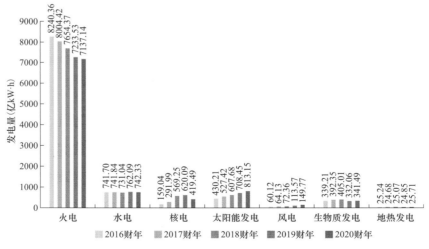

图 1 - 19　2016—2020 财年日本不同电源类型发电量

数据来源：Global Data。

（二）电力消费

受疫情影响，2020 财年，日本电力消费疲软，用电量为 8863.65 亿 kW·h，同比降低 5.5%。2016—2020 财年日本用电量及其增长率如图 1-20 所示。

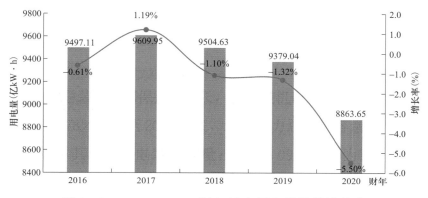

图 1-20 2016—2020 财年日本用电量及其增长率

数据来源：Enerdata，Global Energy Statistical Yearbook 2021。

2019 财年，日本电网最大三日用电负荷为 15 874 万 kW，同比下降 0.6%[1]。分地区看，东京电力最大用电负荷达到 5543 万 kW，为十大电力公司之首，其次为关西电力公司和中部电力公司，分别为 2816 万 kW 和 2568 万 kW。2016—2019 财年日本最大三日用电负荷如图 1-21 所示。

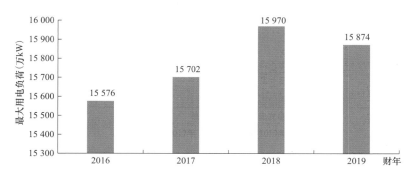

图 1-21 2016—2019 财年日本最大三日用电负荷

数据来源：OCCTO。

---

❶ 目前 2020 年数据待发布，采用 2019 年数据分析。

（三）电网规模

2020 财年❶，日本电网 55kV 及以上电压等级输电线路总长度为 17.97 万 km，同比增加 0.66%。以 2016 财年的长度为基准，截至 2020 财年，500kV 及以上和 55kV 以下输电线路长度增长率最高，皆超过 1.4%。2016—2020 财年日本各电压等级输电线路长度见表 1-7。

表 1-7 　　　　　2016—2020 财年日本各电压等级输电线路长度　　　　　km

电压等级	2016 财年	2017 财年	2018 财年	2019 财年	2020 财年
55kV	24 697	24 747	24 809	24 946	25 056
66～77kV	81 541	81 594	81 685	81 838	81 964
110～154kV	30 172	30 195	30 126	30 179	30 319
187kV	5264	5264	5264	5262	5264
220kV	5218	5162	5162	5161	5164
275kV	16 213	16 206	16 206	16 236	16 236
500kV 及以上	15 414	15 497	15 618	15 624	15 691
合计	178 519	178 665	178 870	179 246	179 694

数据来源：日本电气事业联合会。

（四）网架结构

为增强主干输电网络，缓解跨区输电能力紧张，促进全国范围内的电能输送，日本各大电力公司规划建设或升级多条主干输电线路和东西部电网联络换流站。截至 2021 年 9 月，各电力公司公布的在建和规划的跨区输电设施见表 1-8。

表 1-8 　　　　　　　　日本在建和规划的跨区输电设施

项目名称	类型	电压等级（kV）	预计投产年份
埃纳支线	中部电力公司	500	2024
日向输电线路	九州电力公司	500	2022
黄大线	关西电力	500	2021

---

❶ 日本财年为上年 4 月 1 日至本年 3 月 31 日。

项目名称	类型	电压等级（kV）	预计投产年份
斐多支线	中部电力公司	500	2021
柳田—第一实业线路	中部电力公司	275	2021
新宿—城南线	东北电力公司	275	2021
东山—新宿线	东京电力公司	275	2025

数据来源：Global Data。

（五）运行交易

2019 财年，日本跨区输送电量规模为 874.7 亿 kW·h，同比下降 21%[1]。东京、关西和中国地区外购电量最多，分别为 317.2 亿 kW·h、236.5 亿 kW·h 和 210.3 亿 kW·h。东北、九州和四国地区外送电量最多，分别为 296.9 亿 kW·h、163.1 亿 kW·h 和 141 亿 kW·h。2015—2019 财年日本跨区输送电量规模见表 1-9。

表 1-9　　　　2015—2019 财年日本跨区输送电量规模　　　　GW·h

地区		2015 财年	2016 财年	2017 财年	2018 财年	2019 财年
北海道—东北	送电	146	237	340	130	279
	受电	804	1033	1270	1005	2117
东北—东京	送电	22 587	23 097	28 238	27 298	27 575
	受电	3714	4660	7071	3139	252
东京—中部	送电	693	2729	3954	1711	354
	受电	4513	5144	5328	5116	4147
中部—关西	送电	3412	5538	8106	3675	980
	受电	7577	6544	9889	9980	7175
中部—北陆	送电	108	241	353	134	7
	受电	172	59	108	76	40

[1]　目前 2020 年数据待发布，采用 2019 年数据分析。

续表

地区		2015 财年	2016 财年	2017 财年	2018 财年	2019 财年
北陆—关西	送电	2047	2033	2949	2033	2918
	受电	502	640	1260	2540	547
关西—中国	送电	948	716	4493	4734	578
	受电	9138	13 179	16 727	13 388	9793
关西—四国	送电	2	2	1	82	31
	受电	9611	8856	9510	8840	9956
中国—四国	送电	3423	3294	4061	2579	131
	受电	4631	7638	7540	4023	4143
中国—九州	送电	2174	1935	3014	1998	138
	受电	14 947	15 476	18 183	18 280	16 311

1.4 巴西电网

巴西幅员辽阔，从北部到东南部的输电跨度在 2000km 以上。已形成南部、东南部、北部和东北部四个大区互联电网，在亚马孙地区还有一些小规模的独立系统。巴西输电线路主要集中在东南部、南部和东北部主要城市，用电负荷最大的区域是东南部，与北部富余的装机容量空间距离较远。巴西电网规划示意如图 1-22 所示。

1.4.1 电网发展环境

（一）经济发展

受疫情影响，巴西经济再度进入下行区间。2020 年，巴西国内生产总值为 2.27 万亿美元，同比降低 4.06%。人均 GDP 为 10 672 美元，同比下降 4.7%。2016—2020 年巴西 GDP 及其增长率如图 1-23 所示。

图 1-22　巴西电网规划示意（规划至 2024 年）

来源：ONS。

（二）能源消费

受疫情影响，巴西能源消费在经历 2019 年的恢复性增长后，迎来了近几年的较大跌幅，2020 年能源消费总量降至 286.24Mtoe，同比降低 2.21%。能源强度为 0.098 9kgoe/美元（2015 年价），同比增加 2.29%，主要由于能源强度较低的服务业受疫情影响更为严重。2016－2020 年巴西能源消费总量、能源强

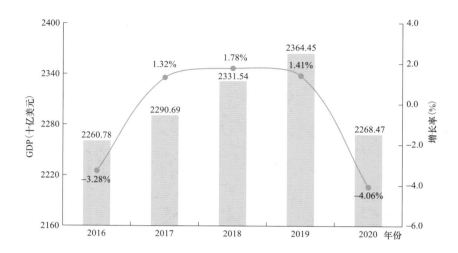

图 1-23　2016—2020 年巴西 GDP 及其增长率（以 2010 年不变价美元计）

数据来源：World Bank。

度及其增长率如图 1-24 所示。

（三）能源电力政策

（1）依托优质生态资源，大力发展可再生能源，推动碳中和进程。巴西可再生资源丰富，能源消费结构中可再生能源占比达到 43％，水电和生物乙醇技术处于世界领先水平。2021 年 4 月，在美国举办的线上领导人气候峰会上，巴西总统博索纳罗承诺 2050 年之前实现碳中和。巴西政府明确，到 2025 年和 2030 年将碳排放量分别降至 2005 年水平的 37％和 43％，到 2030 年全面禁止非法毁林，重新造林 1200 万公顷，并将可再生能源消费占比提升至 45％。

（2）推出国家生物燃料政策，依托市场机制，促进碳减排、碳达峰。巴西的国家生物燃料政策通过规划和跟踪碳排放企业对巴西碳减排的贡献，激励生物乙醇生产和分销。2020 年 7 月，巴西第一批碳信用开始交易，该政策利用生物燃料在巴西能源结构中独特的突出作用，通过扩大生物乙醇采购，为碳排放实体提供一种可追踪和可交易的减排手段。

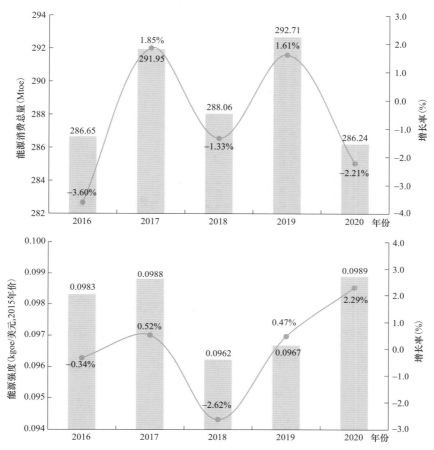

图 1 - 24　2016—2020 年巴西能源消费总量、能源强度及其增长率

数据来源：Enerdata，Energy Statistical Yearbook 2021。

1.4.2　电网发展分析

（一）电力供应

巴西电力总装机容量保持增长。截至 2020 年底，巴西电力总装机为 1.79 亿 kW，同比增长 3.82%。水电仍是巴西的主要电源形式，装机容量 1.09 亿 kW，占比高达 61.09%。火电装机容量 2731 万 kW，同比增加 3.85%，占比 15.25%。太阳能发电跨越式发展，装机规模达 747 万 kW，同比增长 65.27%。风能装机规模继续增长，同比增长 14.87%，2016—2020 年巴西电源结构如图 1 - 25 所示。

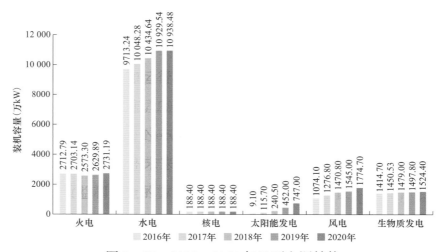

图 1-25　2016—2020 年巴西电源结构

数据来源：Global Data。

2020 年，巴西发电量为 5835 亿 kW·h，同比降低 1.78%。其中，水电发电量与上年基本持平，占比 62.82%；火电发电量同比下降 26.59%，占比 12.99%；太阳能发电量同比增长 53.88%，占比 1.79%。2016—2020 年巴西不同电源类型发电量如图 1-26 所示。

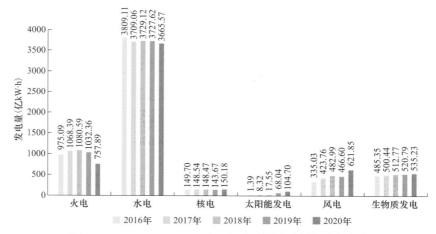

图 1-26　2016—2020 年巴西不同电源类型发电量

数据来源：Global Data。

（二）电力消费

2020 年，巴西全社会用电量为 5295 亿 kW·h，同比降低 1.58%。2016—

2020 年巴西用电量及其增长率如图 1-27 所示。

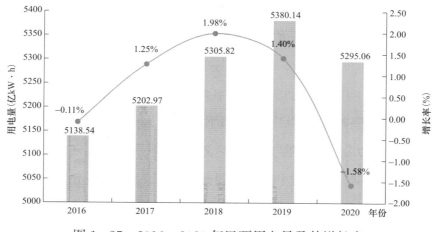

图 1-27 2016—2020 年巴西用电量及其增长率

数据来源：ONS。

2020 年，受疫情影响，巴西电网的最大负荷降至 8696.1 万 kW，同比降低 5.6％。从空间分布看，巴西电网近 60％的负荷集中在东南地区，除北部地区负荷同比增长 5.4％外，其他地区负荷同比下降 2.5％~5.1％。从时间分布看，最大负荷月份主要集中在 3 月、10 月和 12 月，时段则主要集中于 14：00—16：00。2016—2020 年巴西各地区的最大用电负荷如图 1-28 所示。

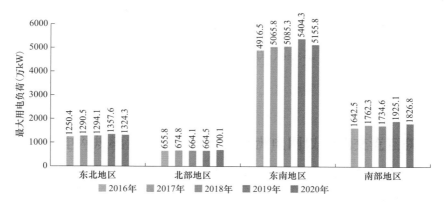

图 1-28 2016—2020 年巴西各地区的最大用电负荷

数据来源：ONS。

（三）电网规模

2020 年，巴西 230kV 及以上线路长度达到 16.27 万 km，同比增长 5.37％。增长较快的有 500kV 及 230kV 线路，同比增长 10.07％和 4.45％，其他电压等级线路长度总体稳定。2016—2020 年巴西各电压等级线路长度见表 1-10。

表 1-10 　　　　　　　2016—2020 年巴西各电压等级线路长度 　　　　　　　km

电压等级	2016 年	2017 年	2018 年	2019 年	2020 年
230kV	55 820	56 722	59 097	59 920	62 586
345kV	10 320	10 320	10 319	10 327	10 355
440kV	6748	6748	6758	6800	6907
500kV	46 569	47 688	51 791	52 827	58 149
±600kV	12 816	12 816	12 816	12 816	12 816
750kV	2683	2683	2683	2683	2683
±800kV	—	4168	4168	9046	9204
总计	134 956	141 145	147 632	154 419	162 700

数据来源：Global Data。

截至 2020 年底，巴西变电容量达到 3.95 亿 kV·A，同比降低 0.18％。其中，440kV 增速最快为 2.69％，500kV 降低 1.45％。2016—2020 年巴西各地区变电容量见表 1-11。

表 1-11 　　　　　　　2016—2020 年巴西各地区变电容量 　　　　　　　MV·A

电压等级	2016 年	2017 年	2018 年	2019 年	2020 年
230kV	89 665	93 343	103 626	106 552	106 969
345kV	51 195	51 420	52 445	53 145	53 820
440kV	26 352	27 692	30 082	30 082	30 892
500kV	142 808	152 530	174 156	181 416	178 788
750kV	23 247	23 247	24 897	24 897	24 897
总计	333 267	348 232	385 206	396 092	395 366

数据来源：Global Data。

（四）网架结构

巴西继续推动南美区域电网互联。巴西正在推进与阿根廷、玻利维亚、圭亚那、秘鲁、苏里南和乌拉圭之间的互联线路。巴西与阿根廷通过 132kV 和 500kV 输电线路经换流站实现互联，传输容量共 105 万 kW；与巴拉圭通过四条 500kV 输电线路经伊泰普水电站互联；与乌拉圭通过 230kV 和 500kV 两条输电线路实现互联，传输容量共 57 万 kW；与委内瑞拉通过 230kV 输电线路实现互联，容量 20 万 kW。2021 年巴西部分在建或规划输电线路工程见表 1-12。

表 1-12　　　　　　2021 年巴西部分在建或规划输电线路工程

工　程　名　称	电压等级（kV）	进展	预计投运年份
科莱托拉波多韦柳—阿拉拉夸拉直流线路	600	在建	2021
坎迪奥塔—瓜伊巴线	525	在建	2021
库里蒂巴—布卢梅瑙线	525	在建	2021
瓜伊拉—卡斯卡韦尔线	525	规划	2022
瓜伊拉—伊瓜苏线	525	规划	2022
伊塔雅伊—比瓜苏线	525	规划	2022

（五）运行交易

巴西电网区域间传输电量规模波动明显。2020 年，巴西区域间传输电量规模达到 904.29 亿 kW·h，同比增长 77.42%。其中，北部—东南、东南—南部送电规模最大，超过 380 亿 kW·h。随着东北地区新能源装机的大幅增长，东北地区已从受端转变为向东南地区外送电量。此外，东南地区向南部地区送电量持续增加。2016—2020 年巴西电网电力交换情况见表 1-13。

表 1-13　　　　　　2016—2020 年巴西电网电力交换情况　　　　　　亿 kW·h

电量交换	2016 年	2017 年	2018 年	2019 年	2020 年
北部—东北	129.5	115.74	121.93	53.92	−28.64
北部—东南	−73.99	57.65	179.28	292.74	396.07
东南—南部	−108.15	93.86	127.97	151.75	389.2
东北—东南	−43.67	−26.09	−20.45	4.75	64.11
外送阿根廷	1.8	0.85	−2.65	−0.45	−22.42
外送巴拉圭	0	0	0	0	0
外送乌拉圭	−0.01	−9.74	−8.71	−6.08	−3.85

数据来源：ONS。

1.5 印度电网

印度电网由隶属中央政府的国家电网（由跨区电网和跨邦的北部、西部、南部、东部和东北部 5 个同步区域电网组成）和 29 个邦级电网组成。印度主要负荷中心集中在南部、西部和北部地区，能源及电力流具有跨区域、远距离、大规模的特点。印度电网主要电压等级为 765kV、400kV、220kV 和 ±800kV、±500kV。印度 220kV 及以上跨区联网示意如图 1-29 所示。

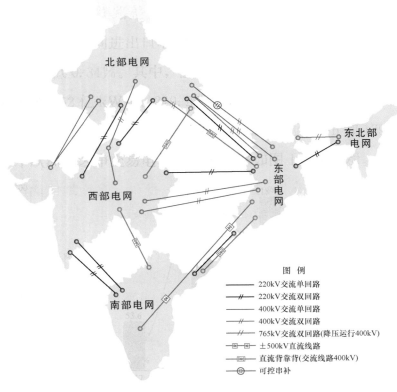

图 1-29 印度 220kV 及以上跨区联网示意

1.5.1 电网发展环境

（一）经济发展

受疫情影响，2020 年印度 GDP 降至 2.71 万亿美元，同比降低 7.96%；人均 GDP 为 1961.3 美元，同比降低 8.9%，不足全球人均 GDP 的 20%。2016—2020 年印度 GDP 及其增长率如图 1-30 所示。

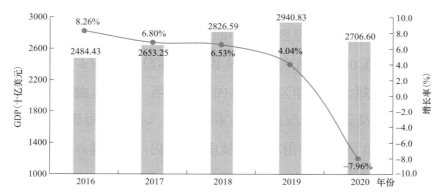

图 1-30　2016—2020 年印度 GDP 及其增长率（以 2010 年不变价美元计）

数据来源：World Bank。

（二）能源消费

2020 年，印度能源消费总量为 908.31Mtoe，同比降低 3.41%，能源强度升至 0.106 2koe/美元（2015 年价），同比增长 4.31%。2016—2020 年印度能源消费总量、能源强度及其增长率如图 1-31 所示。

（三）能源电力政策

（1）大力发展可再生能源。截至 2020 财年，印度可再生能源装机容量超过 9400 万 kW。印度采取加大财政投入、加快项目建设、发展分布式光伏等一系列措施，推动可再生能源发展。目标是 2022 年可再生能源装机容量达到 1.75 亿 kW，2030 年清洁能源装机容量占比达到 40%。

（2）限制部分电力进出口。2021 年 2 月，印度电力部发布新的跨境电力进出口规范，限制自邻国进口"与印陆路接壤第三国"投资发电项目的电力能

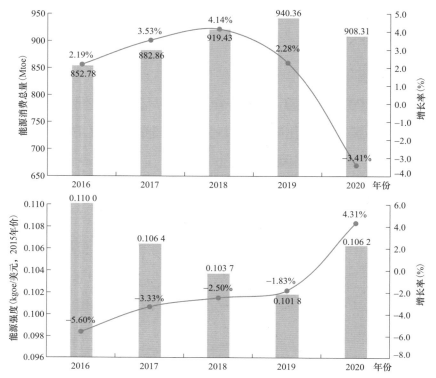

图 1-31　2016—2020 年印度能源消费总量、能源强度及其增长率

数据来源：Enerdata，Energy Statistical Yearbook 2021。

源。明确只接受印度政府批准的发电项目电能，并要求电力出口商与印度供电部门签署电力购销协议。如发电项目的实际控制权、资金来源或实际拥有者为印度邻国第三国的，且没有与印度达成电力合作双边协议的，将不予批准。

1.5.2　电网发展分析

（一）电力供应

印度装机容量保持增长，可再生能源为增长主要驱动力。截至 2020 财年❶，总装机容量达到 3.8 亿 kW，同比增长 3.3%。分类型看，可再生能源装机增长最快，新增装机 819.5 万 kW，同比增长 6.18%，占比提高至 36.8%；煤电装机增

---

❶　印度的一个财年为上年 4 月 1 日至本年 3 月 31 日。

长 395.0 万 kW，同比增长 1.9%，占比 54.8%。分地区来看，西部地区装机总量最大，占全国装机总量的 32.8%；南部地区装机增量最大，为 322.4 万 kW；东北部地区装机增速最快，达到 7.5%。2016—2020 财年印度电源结构如图 1-32 所示。

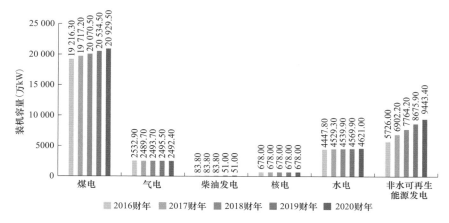

图 1-32 2016—2020 财年印度电源结构

数据来源：Government of India Ministry of Power。

受疫情影响，2020 财年印度发电量为 1.36 万亿 kW·h，同比降低 13.3%。其中，火电发电量同比降低 15.7%，在总发电量中占比 77.87%；可再生能源发电量同比增长 1.57%，发电量占比达到 19.51%。2016—2020 财年印度不同电源类型发电量如图 1-33 所示。

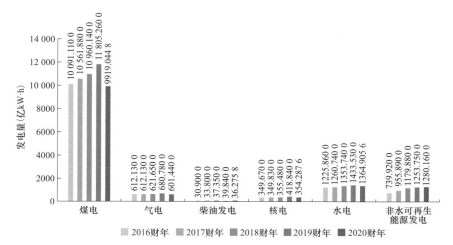

图 1-33 2016—2020 财年印度不同电源类型发电量

数据来源：Global Data。

（二）电力消费

受疫情影响，2020 财年印度全社会用电量为 0.93 万亿 kW·h，同比降低 9.06%。分地区看，北部、西部、南部地区电网用电量大，占全社会用电量比例达 88.2%。2016—2020 财年印度全社会用电量及其增长率如图 1-34 所示。

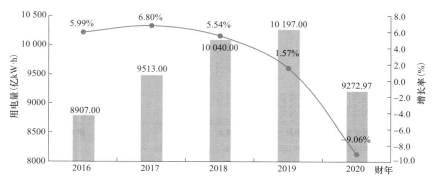

图 1-34　2016—2020 财年印度全社会用电量及其增长率

数据来源：Global Data。

印度电网最大用电负荷继续增长，依旧存在电力缺口。2020 财年，印度电网最大用电负荷为 18 905.0 万 kW，同比增长 5.56%，存在电力缺口 89.6 万 kW。其中，北部地区电网负荷最大，达到 6780.6 万 kW，电力缺口也最大，为 48.2 万 kW。东北部地区电网电力缺口占最大用电负荷比例最大，达到 6.0%。2016—2020 财年印度电网最大用电负荷及其增长率如图 1-35 所示。

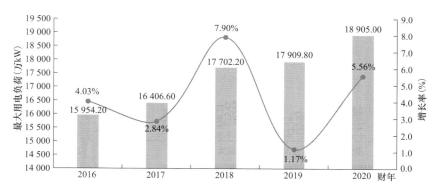

图 1-35　2016—2020 财年印度电网最大用电负荷及其增长率

数据来源：Government of India Ministry of Power。

（三）电网规模

印度输电线路规模和变电容量保持增长。2020 财年末，印度 220kV 及以上输电线路长度达到 44.18 万 km，同比增长 3.9%。其中±800kV 直流线路增长最快，同比增长 5.8%。220kV 及以上变电容量为 102.5 万 MV·A，同比增长 4.5%。其中 400kV 变电容量增长最快，同比增长 6.4%。2016—2020 财年印度电网 220kV 及以上输电线路长度和变电（换流）容量见表 1-14 和表 1-15。

表 1-14　　2016—2020 财年印度电网 220kV 及以上输电线路长度　　　　km

电压等级	2016 财年	2017 财年	2018 财年	2019 财年	2020 财年
765kV	29 950	35 301	41 862	44 853	46 090
400kV	157 142	171 640	180 766	184 521	189 910
320kV	0	0	0	0	288
220kV	162 530	169 236	175 697	180 141	186 446
±800kV	6080	6124	6124	6124	9655
±500kV	9432	9432	9432	9432	9432
总计	365 134	391 733	413 881	425 071	441 821

数据来源：Global Data。

表 1-15　　2016—2020 财年印度电网 220kV 及以上变电（换流）容量　　　　MV·A

电压等级	2016 财年	2017 财年	2018 财年	2019 财年	2020 财年
765kV	161 500	194 500	212 000	234 900	238 700
400kV	234 087	282 807	315 977	340 472	362 327
320kV	0	0	0	0	1000
220kV	308 407	332 621	353 786	380 631	394 941
±800kV	3000	9000	9000	12 000	15 000
±500kV	13 500	13 500	13 500	13 500	13 500
总计	720 494	832 428	904 263	981 503	1 025 468

数据来源：Global Data。

（四）网架结构

多条跨区域输电线路正在建设，跨区输送容量稳步提升。2020 年印度部分在建输电线路见表 1-16。

表 1-16 　　　　　　　　**2020 年印度部分在建输电线路**

工 程 名 称	电压等级（kV）	预计投运年份
沃达－奥兰加巴德线路	1200	2021
加坦普尔－阿格拉线路	765	2021

数据来源：Global Data。

印度与周边国家电网互联互通进一步增强，跨国电网互联程度较高。印度与周边国家互联情况见表 1-17。

表 1-17 　　　　　　　　**印度与周边国家互联情况**

地区	互 联 情 况
印度－尼泊尔	印度和尼泊尔通过多条 11、33、132kV 和 220kV 线路互联。其中比较重要的输电线路有 Muzaffarpur（印度）至 Dhalkebar（尼泊尔）的 400kV 线路（降压至 220kV 运行）
印度－不丹	印度和不丹通过多条 400、220kV 和 132kV 线路互联
印度－孟加拉国	互联线路包括 Baharampur（印度）至 Bheramara（孟加拉国）的 400kV 线路和 Surajmaninagar（印度）至 Comila（孟加拉国）的 400kV 线路（降压至 132kV 运行）
印度－缅甸	通过 1 条 11kV 线路互联
印度－斯里兰卡	印度和斯里兰卡正在就建设 2×50 万 kW 跨海双极高压直流输电线路进行可行性研究

（五）运行交易

印度跨区输送电量规模持续扩大，跨区输电通道利用率仍有提升空间。2019 财年，印度五大区域电网间跨区输送电量达到 2147.66 亿 kW·h，同比增长 8.9%。北部电网和南部电网为受电区域，2020 财年分别净受电 924.9 亿 kW·h 和 598.4 亿 kW·h。西部电网和东部电网为送电区域，2020 财年分别净送电 988.2 亿 kW·h 和 525.8 亿 kW·h。东北部电网外送电量和输入电量基本平衡。2016—2020 财年印度区域间传输电量见表 1-18。

表 1-18　2016—2020 财年印度区域间传输电量　亿 kW·h

传输方向	2016 财年	2017 财年	2018 财年	2019 财年	2020 财年
西部—北部	496.0	504.8	615.3	698.7	793.0
东部—北部	212.0	200.1	219.3	242.3	271.4
东北部—北部	27.8	35.1	30.4	25.1	27.8
北部—西部	37.9	77.9	160.5	154.7	146.3
北部—东部	26.6	20.1	19.9	10.3	7.3
北部—东北部	12.9	7.2	17.0	16.9	13.7
西部—东部	54.1	99.2	148.4	174.1	122.6
东部—西部	50.6	12.5	9.1	12.2	26.3
东部—东北部	27.4	43.1	28.5	30.3	22.0
东北部—东部	9.5	6.3	15.0	15.4	17.2
东部—南部	200.2	244.4	269.3	296.8	353.4
南部—东部	0.0	0.0	0.0	4.7	0.2
西部—南部	224.9	222.8	225.1	239.9	295.8
南部—西部	1.0	27.0	59.5	50.9	50.6
总计	1380.9	1500.5	1817.4	1972.3	2147.6

受疫情影响，印度出口电量明显降低，2020 财年为 1.1 亿 kW·h。印度常年从不丹进口水电，同时向尼泊尔、孟加拉国和缅甸出口电力。其中，从不丹进口电力 93.2 亿 kW·h，向尼泊尔和孟加拉国出口电力分别为 18.7 亿 kW·h 和75.5 亿 kW·h。2016—2020 财年印度与周边国家电力贸易规模见表 1-19。

表 1-19　2016—2020 财年印度与周边国家电力贸易规模　亿 kW·h

国家	2016 财年	2017 财年	2018 财年	2019 财年	2020 财年
不丹	58.6	56.1	46.6	63.1	93.2
尼泊尔	-20.2	-23.9	-28.0	-23.7	-18.7
孟加拉国	-44.2	-48.1	-56.9	-69.9	-75.5
缅甸	0.0	-0.1	-0.1	-0.1	-0.1
总计	-5.8	-15.9	-38.4	-30.6	-1.1

注："-"表示出口。

1.6 非洲电网

非洲国家的电力系统整体较为薄弱，电力可及率低，但近年来发展十分迅速。北非五国已实现同步互联，并与欧洲西部和亚洲西部相连，南部非洲各国也基本实现互联。除南非最高电压等级为765kV外，其余各国骨干电网电压等级普遍以 220、400kV 为主。非洲已经成立五大区域电力池，包括北部非洲电力池（COMELEC）、东部非洲电力池（EAPP）、西部非洲电力池（WAPP）、中部非洲电力池（CAPP）和南部非洲电力池（SAPP）。非洲各电网组织区域分布如图 1-36 所示。

1.6.1 电网发展环境

（一）经济发展

2020 年非洲 GDP 约 2.6 万亿美元，同比降低 2.9％。分地区来看，东部非洲对初级商品依赖程度较低且经济结构较为多元化，增长 0.7％，其中，埃塞俄比亚增长 6.1％，是 2020 年非洲经济增速最快的国家；南部非洲受矿产资源和煤炭出口大幅下降影响，萎缩 7.0％，其中，南非下滑 8.2％；西部非洲萎缩 1.5％，其中，尼日利亚萎缩 3.0％；北部非洲受全球石油和天然气需求疲软影响，衰退 1.1％，其中，阿尔及利亚下滑 4.7％，埃及凭借坚实的制造业基础，实现了 3.6％的正增长；中部非洲萎缩 2.7％。2016—2020 年非洲 GDP 及其增长率如图 1-37 所示。

（二）能源消费

2020 年，非洲能源消费总量为 808.85Mtoe，同比降低 2.43％，能源强度为 0.132 9kgoe/美元（2015 价），同比增长 0.91％。2016—2020 年非洲地区能源消费总量、能源强度及其增长率如图 1-38 所示。

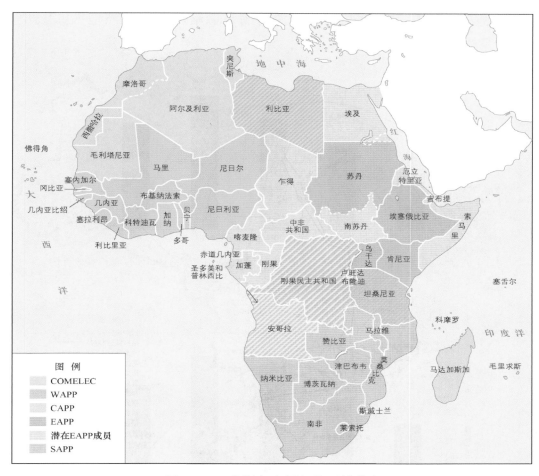

图 1-36　非洲各电网组织区域分布

（三）能源电力政策

（1）非盟推进非洲统一电力市场建设。2021 年 2 月，非洲统一电力市场在非盟首脑会议上宣布启动建设，计划 2023 年完成第一阶段建设，2040 年完全建成并运营。

（2）促进可再生能源发展。2020 年 12 月，国际可再生能源署和非洲开发银行签署合作意向声明，双方将在可再生能源发展方面展开一系列合作。非洲开发银行提出"沙漠发电"倡议，旨在筹集公共和私营领域资金，在 2025 年前为非洲增加 1000 万 kW 太阳能装机。根据国际可再生能源署发布的《全球可再

生能源展望》，到 2030 年，可再生能源将满足撒哈拉以南非洲地区 67％电力
需求。

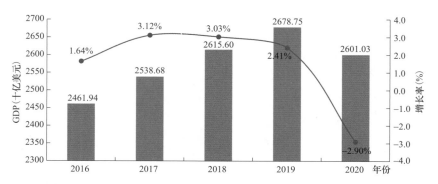

图 1-37　2016—2020 年非洲 GDP 及其增长率（以 2010 年不变价美元计）

数据来源：World Bank。

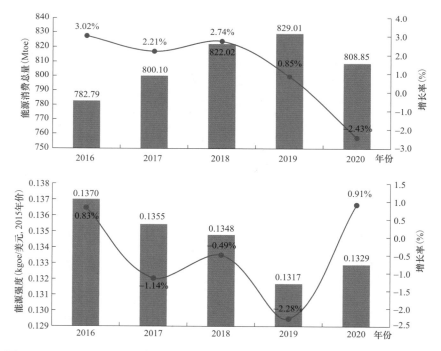

图 1-38　2016—2020 年非洲地区能源消费总量、能源强度及其增长率

数据来源：Enerdata，Energy Statistical Yearbook 2021。

1.6.2   电网发展分析

（一）电力供应

非洲电源装机容量较小，增长空间很大。2020年，非洲电源总装机约2.58亿kW，同比增长7.9%。其中，水电13.0%，火电占比79.4%，风、太阳能、生物质、地热等可再生能源发电占比约6.9%，核电占比约0.7%。2016—2020年非洲地区电源结构如图1-39所示。

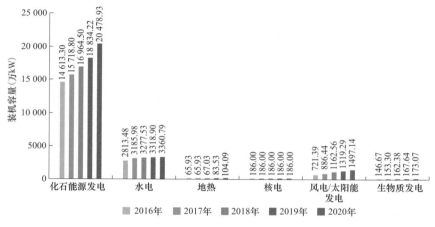

图1-39   2016—2020年非洲地区电源结构

数据来源：EIA。2020年为预测值。

2019年，非洲发电量为8189亿kW·h，同比增长2.8%。化石能源和水电占比较大，分别占77.5%和16.7%，风电、光伏、地热、生物质等可再生能源占比4.6%。2015—2019年非洲地区不同电源类型发电量如图1-40所示[1]。

（二）电力消费

2019年，非洲用电量为6910.9亿kW·h，同比增长1.9%。南非和埃及是非洲的主要用电中心，南非用电量为2103.0亿kW·h，占非洲总量的30.4%，

---

[1] EIA发布的最新非洲发电量和用电量数据为2019年。

埃及为 1505.8 亿 kW·h，占 21.8%。2015—2019 年非洲各地区用电量如图 1-41 所示。

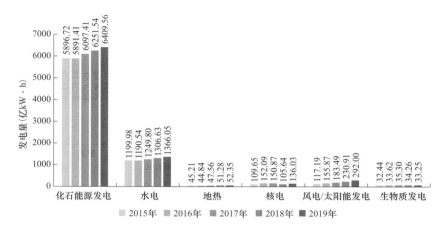

图 1-40　2015—2019 年非洲地区不同电源类型发电量

数据来源：EIA。

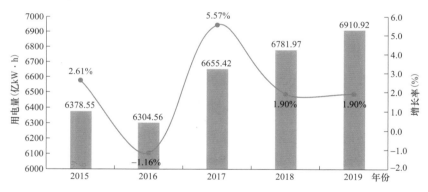

图 1-41　2015—2019 年非洲各地区用电量

数据来源：EIA。

（三）网架结构

非洲五大区域电力池分别处于不同发展阶段。

北部非洲电力池（COMELEC）：北部非洲五国电网已通过 400/500kV 交流实现互联，并与欧洲和西亚联网。摩洛哥与阿尔及利亚通过 2 回 400kV 和 2

回 225kV 线路互联；阿尔及利亚与突尼斯通过 2 回 90kV、1 回 400kV 和 1 回 150kV 线路互联；突尼斯与利比亚通过 3 回 225kV 线路互联；利比亚与埃及通过 1 回 225kV 线路互联；埃及与苏丹通过 1 回 220kV 线路互联；埃及与约旦通过 1 回 400kV 线路互联。跨洲联网方面，摩洛哥与西班牙通过 2 回 400kV 交流互联，埃及与约旦通过 1 回 400kV 交流互联。

东部非洲电力池（EAPP）：东部非洲电网主网架主要采用 400/220kV 电压等级，区内形成北、东、西三个同步电网。北部为苏丹－吉布提－埃塞俄比亚电网，东部为乌干达－肯尼亚－坦桑尼亚电网，西部为卢旺达－布隆迪－刚果（金）电网。

西部非洲电力池（WAPP）：西部非洲电网互联较弱。塞内加尔、马里、布基纳法索、科特迪瓦、加纳和北部非洲国家毛里塔尼亚通过 1 回 225kV 线路相联；加纳、多哥和贝宁通过 1 回 161kV 线路相联；尼日尔和尼日利亚通过 1 回 132kV 线路相联；加纳、多哥、贝宁和尼日利亚通过 1 回 330kV 线路相联。

中部非洲电力池（CAPP）：中部非洲各国电网之间基本没有互联，刚果（金）与安哥拉、刚果（布）以及非洲南部国家赞比亚分别通过一条 220kV 线路连接。刚果（金）东部有一小片配电网与东部非洲国家卢旺达和布隆迪相联组成孤立运行的小区域电网。2021 年，坦桑尼亚－赞比亚联网项目启动，该项目的建成将实现南部非洲电力池与东部非洲电力池并网运行。

南部非洲电力池（SAPP）：南部非洲电网发展非常不均衡，南非是整个地区最发达的国家，用电需求占比高达 80%，其余国家电力基础设施薄弱，电力普及率低。除安哥拉、马拉维外，各国之间基本实现了 132～400kV 交流联网。莫桑比克和南非间新建±533kV 直流线路联通；纳米比亚和南非间、津巴布韦与博茨瓦纳和南非间均通过 500/400kV 交流线路连接；以水电为主的北部地区和以火电为主的南部地区，通过 132kV、220kV 和 400kV 线路互联。

1.7 俄罗斯电网

俄罗斯电力系统分为统一电力系统（UESR）和独立电力系统（IESR）两部分。俄罗斯统一电力系统覆盖俄罗斯 79 个州，从远东至加里宁格勒跨越 9 个时区，由东方、西伯利亚、中伏尔加、乌拉尔、西北、中央、南方 7 个联合电力系统构成，包括 69 个地区电力系统，独立电力系统主要在远东地区，如图 1-42 所示。

图 1-42 俄罗斯电网区域划分

1.7.1 电网发展环境

（一）经济发展

2020 年俄罗斯 GDP 为 1.73 万亿美元，同比降低 2.95%。2016—2020 年俄罗斯 GDP 及其增长率如图 1-43 所示。

（二）能源消费

2020 年，俄罗斯能源消耗总量为 731.35Mtoe，同比降低 4.77%，能源强

度为 0.203 6kgoe/美元（2015 年价），同比降低 1.21%。2016－2020 年俄罗斯
能源消费总量、能源强度及其增长率如图 1-44 所示。

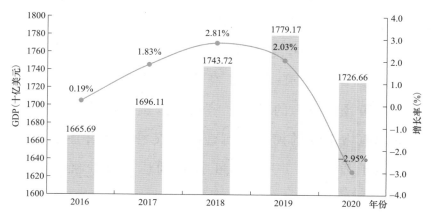

图 1-43　2016－2020 年俄罗斯 GDP 及其增长率（以 2010 年不变价美元计）

数据来源：World Bank。

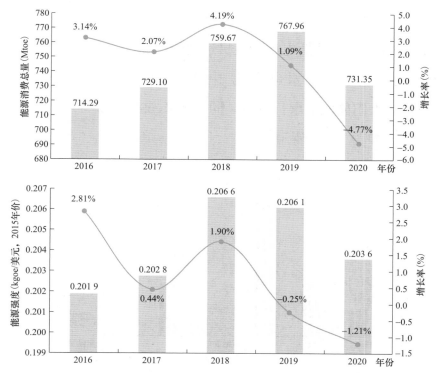

图 1-44　2016－2020 年俄罗斯能源消费总量、能源强度及其增长率

数据来源：Enerdata，Energy Statistical Yearbook 2021。

（三）能源电力政策

以俄罗斯为首的欧亚经济联盟为了尽早实现"联盟内部商品、服务、资本、劳动力的自由流动以及区域内经济最优化运行"的发展目标，开始建立以能源交易为主要发展方向，包括电力、天然气及石油等能源领域在内的共同交易市场。2021 年 4 月 7 日，欧亚经济联盟审定并通过了《关于欧亚经济联盟共同电力市场形成》的联盟经济条约修正案，计划不迟于 2024 年 1 月 1 日启动共同电力市场的模拟运行，建立交易规则并测试电力交易系统相关功能；不迟于 2025 年 1 月 1 日正式启动运行欧亚经济联盟共同电力市场。

1.7.2　电网发展分析

（一）电力供应

截至 2020 年底，俄罗斯电源总装机达到约 2.72 亿 kW，同比降低 0.16%。其中，气电占比 52.8%，水电占比 19.2%，煤电占比 15.4%，核电占比 10.2%。风电、太阳能发电增长迅速，同比增长 598% 和 34%。2016－2020 年俄罗斯电源结构如图 1-45 所示。

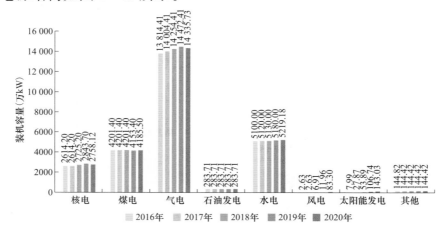

图 1-45　2016－2020 年俄罗斯电源结构

数据来源：Global Data。

2020 年，俄罗斯发电量为 8571.6 亿 kW·h，同比降低 3.6%。煤炭、天然气、石油等化石能源发电量同比分别降低 11.5%、8.6% 和 3.5%，核能、水能、风能、太阳能等清洁能源发电量同比分别增长 3.5%、9.0%、612.0% 和 34.4%。2016—2020 年俄罗斯不同电源类型发电量如图 1-46 所示。

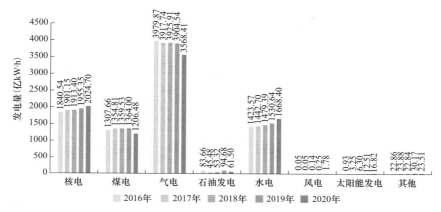

图 1-46　2016—2020 年俄罗斯不同电源类型发电量

数据来源：Global Data。

（二）电力消费

2020 年，俄罗斯用电量约 7533.3 亿 kW·h，同比降低 2.20%。2016—2020 年俄罗斯用电量及其增长率如图 1-47 所示。

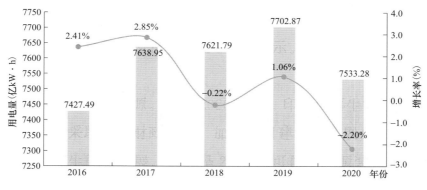

图 1-47　2016—2020 年俄罗斯用电量及其增长率

数据来源：Global Data。

（三）电网规模

俄罗斯电网规模稳步增长。截至 2020 年底，俄罗斯电网 220kV 以上电压等级输电线路总长度约 15.2 万 km，同比增加 1.6%；变电（换流）容量约 37.0 万 MV·A，同比增长 1.7%。2016—2020 年俄罗斯电网 220kV 及以上电压等级输电线路长度见表 1-20，变电（换流）容量见表 1-21。

表 1-20　2016—2020 年俄罗斯电网 220kV 及以上电压等级输电线路长度　　km

电压等级	2016 年	2017 年	2018 年	2019 年	2020 年
220kV	91 195	92 560	94 900	96 915	98 475
330~400kV	9821	9968	10 220	10 437	10 605
500kV	35 075	35 600	36 500	37 275	37 875
750~1150kV	4209	4272	4380	4473	4545
合计	140 300	142 400	146 000	149 100	151 500

数据来源：Global Data。

表 1-21　2016—2020 年俄罗斯电网 220kV 以上电压等级变电（换流）容量　MV·A

电压等级	2016 年	2017 年	2018 年	2019 年	2020 年
220kV	168 178	172 542	176 000	181 750	184 850
330~400kV	26 908	27 607	28 160	29 080	29 576
500kV	121 088	124 230	126 720	130 860	133 092
750~1150kV	20 181	20 705	21 120	21 810	22 182
合计	336 355	345 084	352 000	363 500	369 700

数据来源：Global Data。

（四）网架结构

俄罗斯统一电力系统（UESR）由 7 个区域联合电力系统构成。7 个区域联合电力系统间互有联络，也均与国外电力系统有线路互联。俄罗斯统一电力系统互联情况如图 1-48 所示。

东方联合电力系统：主网架由 110~500kV 输电线路构成，内部通过三条 220kV 输电线路与西伯利亚联合电力系统互联，外部与中国电网相连。电源主要位于西部，电力消费主要分布在东南部，远距离输电线路较多。

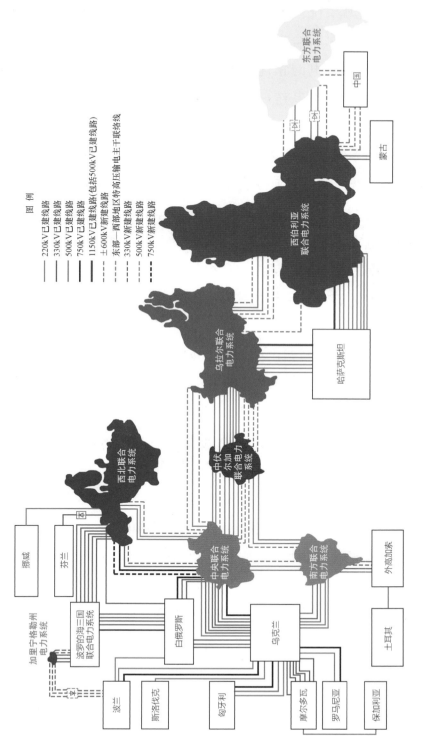

图 1-48 俄罗斯统一电力系统互联情况示意

西伯利亚联合电力系统：主网架由 110、220、500kV 和 1150kV 输电线路构成，内部与乌拉尔联合电力系统和东方联合电力系统相连，外部与哈萨克斯坦、蒙古和中国电网相连。电源装机中水电约占 50%，枯水期时主要通过西伯利亚联合电力系统—乌拉尔联合电力系统的联络线保持电力电量平衡。

乌拉尔联合电力系统：主网架为 500kV 多环网，内部通过 500kV 输电线路与中伏尔加电力系统、西伯利亚联合电力系统相连，外部与哈萨克斯坦电网相连。乌拉尔联合电力系统具有较多可灵活调节电源。

中伏尔加联合电力系统：主网架由 110～500kV 输电线路构成，内部与中央联合电力系统、南方联合电力系统、乌拉尔联合电力系统相连，外部与哈萨克斯坦电网相连。中伏尔加联合电力系统装机 90% 以上为火力发电，具有较好的灵活调节性能。

中央联合电力系统：主网架由 110～750kV 输电线路构成，内部与西北联合电力系统、中伏尔加联合电力系统、乌拉尔联合电力系统、南方联合电力系统相连，外部与乌克兰电网、白俄罗斯电网相连。中央联合电力系统为俄罗斯联合电力系统的负荷中心之一，核电装机占比在七个区域联合电力系统中最高。

西北联合电力系统：主网架由 110～750kV 输电线路构成，内部与中央联合电力系统和乌拉尔联合电力系统相连，外部与挪威电网、芬兰电网、波罗的海联合电网相连。西北联合电力系统中核电和热电装机占比超过 85%，供热约束较强。

南方联合电力系统：主网架由 110～500kV 输电线路构成，内部与中伏尔加电力系统和中央联合电力系统相连，外部与乌克兰电网、外高加索电网相连。

俄罗斯统一电力系统不断加强各区域电力系统间的联络，尤其是中部和西部地区间的输电线路，俄罗斯部分在建或规划输电线路见表 1-22。

表 1 - 22   俄罗斯部分在建或规划输电线路

工 程 名 称	电压等级（kV）	进展	预计投运年份
Beliy Rast—Zapadnaya 输电线路	750	升级	2021
Novosokolniki—Talashkino 输电线路	750	新建	2023
Koporskaya—Leningrad 输电线路	750	新建	2025
Kalinin—Vladimir 输电线路	750	升级	2022
Leningradskaya—Belozerskaya 输电线路	750	新建	2021

数据来源：Global Data。

（五）运行交易

2020 年，俄罗斯电力出口量 117.01 亿 kW·h，同比减少 39.5%。电力进口量 13.74 亿 kW·h，同比减少 14.3%。主要出口国家为立陶宛、中国和芬兰，主要进口国家为哈萨克斯坦。2020 年俄罗斯电网跨区跨国输送电量规模见表 1 - 23。

表 1 - 23   2020 年俄罗斯电网跨区跨国输送电量规模   亿 kW·h

类型	地区	2020 年	2019 年	同比增速
出口量	总计	117.01	193.38	−39.50%
	立陶宛	31.43	62.86	−50.00%
	中国	30.60	30.99	−1.30%
	芬兰	26.37	70.23	−62.50%
	哈萨克斯坦	12.64	14.38	−12.10%
	格鲁吉亚	5.71	5.25	+8.8%
	蒙古	3.12	3.72	−16.20%
	阿塞拜疆	0.89	0.91	−2.20%
	其他	6.25	5.05	+23.8%
进口量	总计	13.74	16.03	−14.30%
	哈萨克斯坦	11.17	12.43	−10.20%
	立陶宛	0.79	0.55	+43.6%
	阿塞拜疆	1.19	2.19	−45.80%

续表

类型	地区	2020 年	2019 年	同比增速
	蒙古	0.40	0.27	+50.2%
进口量	芬兰	0.20	—	—
	格鲁吉亚	—	0.59	—

数据来源：nordpoolgroup。

2020 年，俄罗斯电力出口量相比上年出现较大下降。主要电力出口国芬兰和立陶宛分别下降了 43.86 亿 kW·h 和 31.43 亿 kW·h，共占出口降低量的 98.5%。主要原因包括：一是 2020 年北欧电交所的电价下降，芬兰和立陶宛增加了从北欧电交所的购电量，降低了从俄罗斯的购电量；二是立陶宛、拉脱维亚、爱沙尼亚共同计划在 2025 年完成与欧洲电网同步，减少对俄罗斯的能源依赖，并独立运行电力系统，未来立陶宛对俄购电量将持续降低；三是受 2020 年新冠肺炎疫情影响，周边国家和地区的总用电量下降，导致总出口量下降，俄罗斯用电需求下降，导致电力进口量下降。

1.8 澳大利亚电网

由于人口和城市分布原因，澳大利亚电网分为东南部联合电网、西澳大利亚州电网、北领地电网三部分，均独立运行。东南部联合电网覆盖了东南沿海的昆士兰州、新南威尔士州（包括首都堪培拉）、维多利亚州、塔斯马尼亚州和南澳大利亚州，该电网所有电力交易都通过澳大利亚国家电力市场（NEM）完成，最高电压等级为 500kV；西澳大利亚州电网最高电压等级为 330kV，北领地电网最高电压等级为 132kV。澳大利亚电网分布如图 1-49 所示。

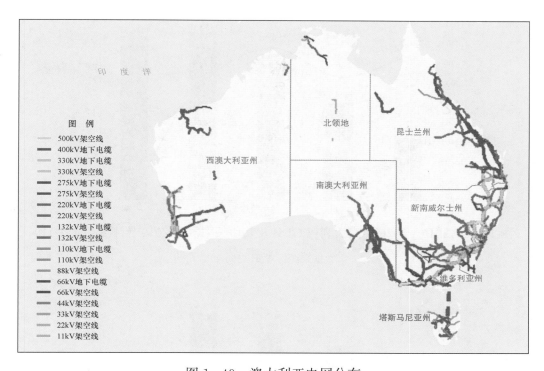

图 1 - 49　澳大利亚电网分布

数据来源：Australian Renewable Energy Agency。

1.8.1　电网发展环境

（一）经济发展

2020 年，澳大利亚 GDP 为 1.45 万亿美元，同比降低 0.28%，受疫情影响，近十年来首次出现负增长。2016—2020 年澳大利亚 GDP 及其增长率如图 1 - 50 所示。

（二）能源消费

2020 年，澳大利亚能源消费总量降至 126.11Mtoe，同比减少 1.98%，为近六年最低。澳大利亚能源消费强度在连续多年下降后反弹，2020 年为 0.106 4kgoe/美元（2015 年价），同比增长 0.53%。2016—2020 年澳大利亚能源消费总量、能源强度及其增长率如图 1 - 51 所示。

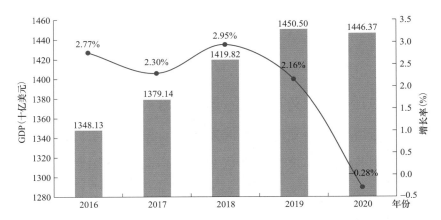

图 1-50　2016—2020 年澳大利亚 GDP 及其增长率（以 2010 年不变价美元计）

数据来源：World Bank。

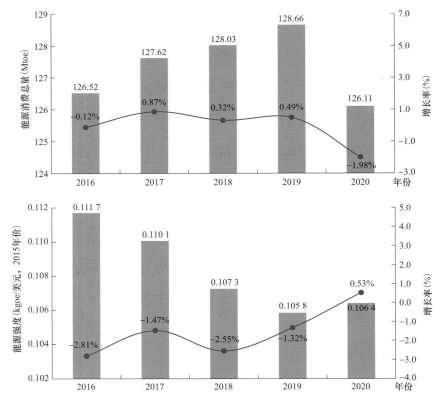

图 1-51　2016—2020 年澳大利亚能源消费总量、能源强度及其增长率

数据来源：Enerdata，Energy Statistical Yearbook 2021。

（三）能源电力政策

（1）推动分布式能源发展。2020 年 12 月，澳大利亚能源市场委员会发布了一项规则草案，促进屋顶太阳能等小型分布式能源系统在全国电力市场中得到更好地管理。该规则草案有助于解决屋顶太阳能、小型电池和电动汽车等分布式能源增加带来的电力系统技术问题。

（2）帮助受疫情影响的电力用户。澳大利亚能源委员会（Australia Energy Council）发布了《能源零售商帮助实践指南》（Practice for Energy Retailer Assistance guide），旨在指导能源零售商帮助在疫情中难以支付账单的电力用户。

（3）提高大型可再生能源并网稳定性。2021 年 4 月，澳大利亚能源市场委员会（Australian Energy Market Commission）公布了一项计划草案，旨在提供比目前更高水平的电力系统强度，以促进氢能、风能、太阳能和储能等大型新兴能源系统，能够简单快捷地接入电网并稳定运行。

1.8.2 电网发展分析

（一）电力供应

澳大利亚装机容量加速增长，太阳能装机仍为增长主力。2020 财年❶，澳大利亚总装机容量达到 8278 万 kW，同比增长 7.64%。其中，风电和太阳能发电装机容量分别达到 673.81 万 kW 和 1800.16 万 kW，同比分别增长 10.52% 和 35.31%，共占总装机容量的近 30%；化石能源发电装机增速在 0.4% 左右，总容量为 4854.48 万 kW，占总装机容量比例下降至 58.64%；水电装机容量保持不变，占总装机容量的 10.08%；生物质、地热等其他发电装机小幅增长，占总装机容量的 1.39%。2016—2020 财年澳大利亚电源结构如图 1-52 所示。

---

❶ 澳大利亚财年为上年 7 月 1 日至本年 6 月 30 日。

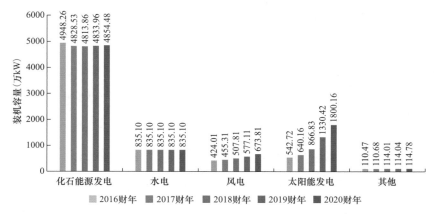

图 1-52　2016—2020 财年澳大利亚电源结构

数据来源：Global Data。

2020 财年，澳大利亚总发电量为 2593.05 亿 kW·h，同比减少 2.32%。其中，化石能源发电量自 2016 年以来持续下降，2020 年降至 1992.21 亿 kW·h，同比降低 6.08%，但占比仍最高达到 76.83%；风电和太阳能发电量保持持续增长趋势，分别达到 208.96 亿 kW·h 和 189.15 亿 kW·h 的新高，同比分别增长 16.53% 和 27.37%；水电发电量同比下降 1.85%，小幅回落到 156.55 亿 kW·h。2016—2020 财年澳大利亚不同电源类型发电量如图 1-53 所示。

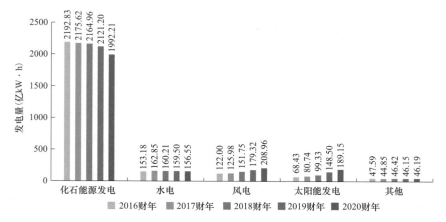

图 1-53　2016—2020 财年澳大利亚不同电源类型发电量

数据来源：Global Data。

（二）电力消费

澳大利亚用电量在 2016—2019 财年间保持了连年小幅增长趋势，2020 财年用电量降至 2367.99 亿 kW·h，同比下降 3.89%。2016—2020 财年澳大利亚地区用电量及其增长率如图 1-54 所示。

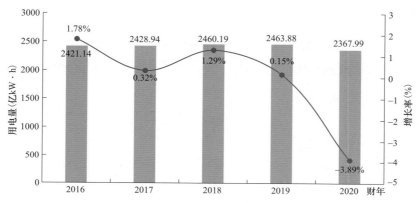

图 1-54　2016—2020 财年澳大利亚用电量及其增长率

数据来源：Global Data。

2020 年澳大利亚电网最大用电负荷降至 3091.7 万 kW，同比下降 13.2%。2016—2020 财年澳大利亚最大用电负荷及其增长率如图 1-55 所示。

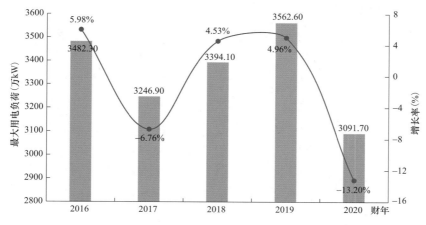

图 1-55　2016—2020 财年澳大利亚最大用电负荷及其增长率

数据来源：Australian Energy Regulator。

（三）电网规模

2020 财年，澳大利亚电网 110kV 及以上线路总长度达到 5.33 万 km，同比微增 0.28%，110kV 及以上变电（换流）容量达到 1.52 亿 kV·A，同比增长1.36%。2016—2020 财年澳大利亚 110kV 及以上输电线路长度和变电（换流）容量分别见表 1-24 和表 1-25。

表 1-24　2016—2020 财年澳大利亚电网 110kV 及以上输电线路长度　　km

电压等级	2016 财年	2017 财年	2018 财年	2019 财年	2020 财年
110kV	2532	2532	2532	2525	2526
132kV	19 563	19 451	19 533	19 618	19 657
150kV DC	180	180	180	180	180
220kV	7100	7150	7200	7296	7316
275kV	12 482	12 588	12 607	12 608	12 681
330kV	7914	7938	7970	7990	8004
400kV DC	375	375	375	375	375
500kV	2546	2550	2566	2599	2600
合计	52 692	52 764	52 963	53 191	53 339

数据来源：Global Data。

表 1-25　2016—2020 财年澳大利亚电网 110kV 及以上变电（换流）容量　　MV·A

电压等级	2016 财年	2017 财年	2018 财年	2019 财年	2020 财年
110kV	9231	9231	9231	9231	9256
132kV	19 531	19 870	20 295	20 933	21 094
220kV	19 512	20 137	20 787	23 021	23 696
275kV	32 192	32 742	33 052	33 372	33 833
330kV	41 483	42 527	43 274	45 574	45 956
500kV	14 424	15 021	15 596	17 536	17 860
合计	136 373	139 528	142 235	149 667	151 695

数据来源：Global Data。

（四）网架结构

澳大利亚能源市场运营机构根据《国家电力法》的规定发布了 2020 年综合

系统计划（Integrated System Planning - ISP），用来指导政府、行业和消费者共同维护和改善电力系统安全。自 2018 年起，该计划每两年发布一次，在电网领域给出澳大利亚在建和规划中的重要电力基础设施工程。2020－2021 年澳大利亚主要开发和在建的输电工程见表 1-26。

表 1-26　　　　2020－2021 年澳大利亚主要开发和在建输电工程

项目名称	项 目 内 容	预计试运行时间
维多利亚－新南威尔士联络线路升级	South Morang 新装 500/330kV 变压器；升级 South Morang - Dederang 330kV 线路	2021 年 12 月
Energy Connect	一个新的 330kV 双回路输电线路，将南澳大利亚州和新南威尔士州之间的传输容量增加 750MW，并增加一条连接到维多利亚州西北部的线路	2025 年
西维多利亚输电线工程	1. 在 Ballarat 北部新建变电站和 220kV 双回路输电线路，经 Waubra 将 Ballarat 北部和 Bulgana 连接起来。 2. 新建 500kV 双回输电线路，将 Sydenham 到 Ballarat 北部新变电站连接起来	2025 年
HumeLink	HumeLink 是一条新的 500kV 输电线路，连接 Wagga Wagga，Bannaby 和 Maragle。将通过全国电力市场向新南威尔士和澳大利亚首都特区的用户输送电量	2026 年

数据来源：AEMO 2020 Integrated System Plan。

（五）运行交易

澳大利亚包含两个电力市场和电力系统，国家电力市场（National Electricity Market - NEM），横跨昆士兰州、新南威尔士州、澳大利亚首都领地、南澳大利亚、维多利亚和塔斯马尼亚州，以及西澳大利亚州的电力批发市场（Wholesale Electricity Market - WEM）。2020 年，受新冠肺炎疫情影响，澳大利亚跨区交易电量总和下降至 10.46 亿 kW·h，为近年来最低值，同比下降 7.81%。昆士兰州发电能力盈余，为长期净电能输出州；维多利亚州新接入国家电力市场的可再生能源达到 1146MW，较 2019 年增长一倍之多，电能净输出量大幅增加；新南威尔士州的燃料成本相对较高，为电能净输入州；南澳大利亚州交易量大幅下降，同比下降 87%；塔斯马尼亚州电网与主网隔海相连，州内水电资源丰富，电能交易主要受当地降雨和互联线路稳定性影响，2020 年转变为电能输入州。2016—2020 财年澳大利亚各州交易电量如图 1-56 所示。

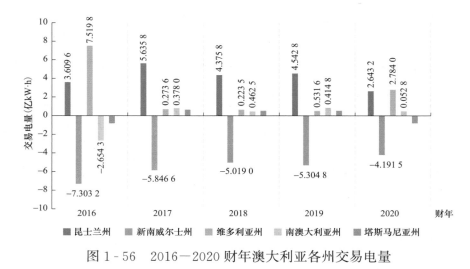

图 1-56　2016—2020 财年澳大利亚各州交易电量

数据来源：Australian Energy Regulator，正数据为输出，负数据为受入。

2

中国电网发展

🛰 **章节要点**

2020 年以来，中国国民经济运行继续保持总体平稳、稳中有进的发展态势，质量效益稳步提升。中国能源消费总量保持增长，电能占终端能源消费比重持续提高。国家出台多项政策进一步推进电力体制改革，优化能源供给结构，并通过降低企业用电成本、优化电力营商环境、推动贫困地区能源建设等手段促进国民经济发展。助力碳达峰、碳中和目标实现，中国电网发展进入构建以新能源为主体的新型电力系统阶段。

电网投资方面，全国电网投资保持在较高水平。2020 年全国电网工程建设完成投资 4896 亿元，比上年下降 2.3%。其中，直流工程 532 亿元，比上年增长 113.4%；交流工程 4188 亿元，比上年下降 7.5%，占电网总投资的 85.5%。由于材料、设备价格上升，各电压等级线路工程和变电工程单位造价普遍不同程度增长。

电网规模方面，全国电网发展速度与用电需求增长保持协调。截至 2020 年底，全国 220kV 及以上输电工程长度达到 79.4 万 km，同比增长 4.6%，220kV 及以上变电设备容量达到 45.3 亿 kV·A，同比增长 4.9%，与全社会用电量增速（3.1%）基本保持协调，但电网规模增速低于最大用电负荷增速和发电装机增速。

输电网架结构方面，全国特高压骨干网架进一步加强，截至 2021 年 9 月，中国在运特高压线路达到"十四交十八直"，其中，国家电网公司经营区域内有"十四交十四直"，南方电网公司经营区域内有"四直"。华北—华中、华东、东北、西北、西南、南方、云南区域或省级同步电网网架结构不断优化，规模保持合理增长，在满足负荷增长要求，对新能源的接入和能源资源配置能力进一步增强。在能源基地和负荷中心的调配中，"南北互供"形成了以华北电网为枢纽的干线通道，"西电东送"基本建成了以华中电网为骨架的传输网络，对新能源的接入和能源资源配置能力进一步增强。

　　配电网发展方面，配电网投资仍是电网投资的重点，配电网保持快速发展和提升。2020年配电网投资占电网投资的57.4%。供电可靠性和供电质量持续提升，全国供电系统用户平均供电可靠率同比提升0.022个百分点。营商环境持续优化，"获得电力"排名跃居全球第12位。目前，分布式光伏建设成本已具备平价上网条件，接入占比持续增长，全国分布式光伏并网约0.81亿kW，占光伏总装机容量的34%。受"双碳"目标和整县光伏开发政策的影响，"十四五"期间分布式新能源装机容量将显著提升，预计在未来光伏低压直流系统的就地消纳将成为主要方式，同时促进储能技术发展。

　　运行交易方面，市场化交易规模再上新台阶，跨区输电能力持续增长。2020年，全国电力市场交易电量达到3.17万亿kW·h，同比增长11.7%，占全社会用电量的42.1%，市场在配置资源中的主导作用日益增强。截至2020年底，全国跨区输电能力达到1.56亿kW。

2.1 电网发展环境

2.1.1 经济社会发展

2020 年,中国国民经济运行总体平稳、稳中有进。中国国内生产总值 GDP 为 101.60 万亿元,稳居世界第二位。2014—2020 年中国国内生产总值及增长率如图 2-1 所示。2020 年,受突发的新冠肺炎疫情影响,中国国内生产总值同比增长 2.3%,在世界主要经济体中名列前茅,明显高于全球经济增速,在经济总量 1 万亿美元以上的经济体中经济增速位居第一,对世界经济增长贡献率达 30%,持续成为推动世界经济增长的主要动力源。

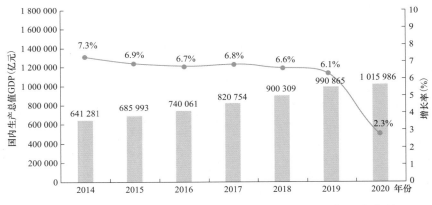

图 2-1 2014—2020 年中国国内生产总值及增长率(当年价)

数据来源:国家统计局,《中华人民共和国 2020 年国民经济和社会发展统计公报》。

中国能源消费总量持续增长,单位 GDP 能耗与上年持平,节能减排的任务依然繁重。2020 年,中国能源消费总量为 3381Mtoe,同比增长 2.9%。2014—2020 年中国能源消费总量和增速如图 2-2 所示。

2020 年,中国单位 GDP 能耗为 0.145kgoe/美元(2015 年价),与上年持平,未来能源消费强度进一步下降空间巨大。2014—2020 年中国与世界能源消费强度及增速如图 2-3 所示。

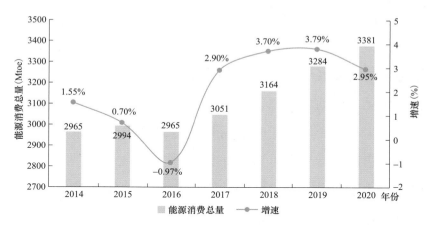

图 2-2 2014—2020 年中国能源消费总量及增速

数据来源：Enerdata，Global Statistical Yearbook 2021。

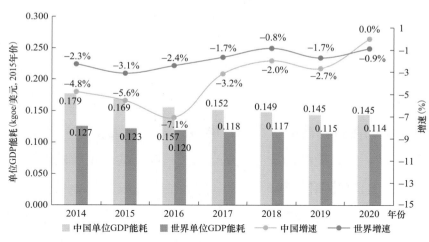

图 2-3 2014—2020 年中国与世界能源消费强度及增速

数据来源：Enerdata，Global Statistical Yearbook 2021。

2.1.2 能源电力政策

（一）落实"双碳"目标构建新型电力系统

习近平总书记在第七十五届联合国大会一般性辩论上提出，中国二氧化碳排放力争于 2030 年前达到峰值，努力争取 2060 年前实现碳中和。在中央财经委员会第九次会议上，进一步提出要构建以新能源为主体的新型电力系统。围绕"双碳"目标和"构建新型电力系统"的任务，在过去的一年中，进一步紧密围绕着可再生能源发展出台一系列相关政策，旨在进一步提高能源治理体系和治理能力现代化，推动新能源创新发展、有效消纳、高效利用。

2020 年 9 月，国家能源局、国家标准化管理委员会发布《关于加快能源领域新型标准体系建设的指导意见》（国能发科技〔2020〕54 号），提出要加快能源领域新型标准体系建设，推进能源治理体系和治理能力现代化，支撑引领能源高质量发展，要在智慧能源、能源互联网、风电、太阳能、地热能、生物质能、储能、氢能等新兴领域，率先推进新型标准体系建设，发挥示范作用。

2021 年 3 月，国家能源局发布《国家能源局综合司关于印发〈清洁能源消纳情况综合监管工作方案〉的通知》（国能综通监管〔2021〕28 号）。本次综合监管以促进清洁能源高效利用为目标，督促相关地区和企业严格落实国家清洁能源政策，优化清洁能源并网接入和调度运行，规范清洁能源参与市场化交易，及时发现清洁能源发展中存在的突出问题，确保清洁能源得到高效利用，进一步促进清洁能源行业高质量发展，助力实现"碳达峰、碳中和"。

2021 年 5 月，国家能源局发布《关于 2021 年风电、光伏发电开发建设有关事项的通知》提出，要强化可再生能源电力消纳责任权重引导机制，以非水可再生能源消纳权责目标来确定年度风电、光伏新增并网规模和新增核准（备案）规模的思路，对风电、光伏项目建设做出规划，同时要建立并网多元保障机制，加快推进存量项目建设，稳步推进户用光伏发电建设，抓紧项目储备和建设。

（二）促进"源网荷储"一体化协调发展

构建新型电力系统将形成集中式与分布式新能源发展并重的格局，是电力发输配用的一次重要的体系变革，将带来电网形态、生产和消费方式的重要变革，"源网荷储"将进一步一体化协调发展，在政策上，从开发规划、价格机制等方面，进行鼓励和引导。

2021 年 2 月，国家发展改革委、国家能源局发布《关于推进电力源网荷储一体化和多能互补发展的指导意见》（发改能源规〔2021〕280 号），提出并推进"源网荷储"一体化和多能互补的实施路径和相关政策，提升保障能力、利用效率和可再生能源消纳水平。以实现"双碳"的目标，在构建清洁低碳、安全高效的能源体系中，更好地发挥"源网荷储"一体化和多能互补在保障能源安全中的作用，相较前"两个一体化"指导意见（征求意见稿），"一体化"综合利用于能源转型和经济社会发展的地位更加突出，强调储能配置既是必须，但也要适度。

2021 年 4 月 19 日，国家能源局印发了《2021 年能源工作指导意见》。其中在提升城镇电网智能化水平方面指出：按照"源网荷储"一体化工作思路，持续推进城镇智能电网建设，推动电动汽车充换电基础设施高质量发展，加快推广供需互动用电系统，适应高比例可再生能源、电动汽车等多元化接入需求。持续推进粤港澳大湾区、深圳社会主义先行示范区、长三角一体化等区域智能电网建设。推动储能技术应用，鼓励电源侧、电网侧和用户侧储能应用，鼓励多元化的社会资源投资储能建设。

2021 年 4 月 30 日，国家发展改革委发布《国家发展改革委关于进一步完善抽水蓄能价格形成机制的意见》（发改价格〔2021〕633 号），要重点解决抽水蓄能电站与市场发展不够衔接、激励约束机制不够健全等问题。提出在保持两部制电价机制定价原则总体稳定的基础上，合理引入市场价格机制，并进一步明确了容量价格回收渠道，将原有"政府核定电量电价及容量电价"的两部制电价机制改进为"以竞争性方式形成电量电价，并将容量电价纳入输配电价回收"的新型抽水蓄能价格机制。

（三）持续深化电力体制改革

构建新型电力系统统一于构建清洁低碳安全高效的能源体系，不但是生产力的进步，还是生产关系的一次变革，需要进一步深化电力体制改革以适应电网形态和生产方式的变革，相关电力政策旨在进一步发挥市场在电力资源配置中的决定性作用，完善交易制度、提高交易规模，努力促进形成公平、高效、健康的市场环境。

2020 年 7 月，国家能源局综合司发布了《关于开展跨省跨区电力交易与市场秩序专项监管工作的通知》（国能综通监管〔2020〕72 号），要加强跨省跨区电力交易与市场秩序监管，推动跨省跨区电力市场化交易规范开展，促进电力资源在更大范围优化配置。

2020 年 11 月 6 日，国家能源局印发了《电力现货市场信息披露办法（暂行）》（国能发监管〔2020〕56 号），为加强电力现货市场信息披露管理工作，提出应明确信息披露原则和方式、明确信息披露内容、强调信息保密与封存、强化监督管理，进一步提升了信息披露能力，加强了现货试点地区信息披露方式、范围、内容的规范，更好地实现了市场配置资源的决定性作用。

2020 年 11 月 25 日，国家发展改革委、国家能源局发布了《关于做好 2021 年电力中长期合同签订工作的通知》（发改运行〔2020〕1784 号），为加强电力产供储销体系建设，推进电力市场化改革，更好发挥中长期交易"压舱石"作用，保障电力市场高效有序运行，相比于 2020 年，在签约要求上，文件强调推动参与交易的市场主体分时段签约，赋予中小用户自主选择是否签订分时段合同的权利；同时拉大峰谷差价，保证市场平稳健康有序；在信息共享上，引入信用机构见签电力中长期交易合同；在配套机制上，对合同电量与实际执行的偏差建立偏差结算机制，并提前向市场主体发布。

2021 年 5 月，国家发展改革委、国家能源局发布《关于进一步做好电力现货市场建设试点工作的通知》，拟在第一批现货试点基础上，选择辽宁省、上海市、江苏省、安徽省、河南省、湖北省作为第二批现货试点，同时推动用户侧参与第二批现货市场结算。第二批现货试点地区应按照用户侧参与现货市场结算进行方案设计，在双边现货市场模式下，用户侧直接以"报量报价"方式参与现货市场出清、结算。

（四）改善营商环境支持"后疫情"时期经济恢复

受突发的新冠肺炎疫情影响，2020 年国内经济受到巨大影响，在后疫情时期，面对严峻复杂的国内外形势，电网发展要积极服务加快构建新发展格局，立足于能源电力事业发展在拉动投资、带动就业、促进消费、服务中小企业方面所发挥的巨大作用，出台一系列政策措施支持复工复产、保障生产生活、改善电力营商环境。

2020年2月22日，国家发展改革委发布《国家发展改革委关于阶段性降低企业用电成本支持企业复工复产的通知》（发改价格〔2020〕258号）自2020年2月1日起至6月30日止，电网企业在计收上述电力用户（含已参与市场交易用户）电费时，统一按原到户电价水平的95%结算。2020年5月，在十三届全国人大三次会议上，李克强总理在作政府工作报告时提出，把降低工商业电价5%政策延长到2020年底。

2020年9月25日，国家发展改革委发布《关于全面提升"获得电力"服务水平持续优化用电营商环境的意见》（发改能源规〔2020〕1479号），要深入贯彻党中央、国务院关于深化"放管服"改革优化营商环境的决策部署，全面落实《优化营商环境条例》，加快推广北京、上海等地区行之有效的经验做法，进一步压减办电时间、简化办电流程、降低办电成本、提高供电可靠性，全面提升"获得电力"服务水平，持续改善用电营商环境。

2020年12月23日，国务院办公厅转发《国家发展改革委等部门关于清理规范城镇供水供电供气供暖行业收费促进行业高质量发展意见》（国办函〔2020〕129号），要求到2025年，清理规范供水供电供气供暖行业收费取得明显成效，科学、规范、透明的价格形成机制基本建立，政府投入机制进一步健全，相关行业定价办法、成本监审办法、价格行为和服务规范全面覆盖，水电气暖等产品和服务供给的质量和效率明显提高。

2021年4月29日，国家能源局发布《提升"获得电力"服务水平综合监管工作方案》的通知（国能综通监管〔2021〕54号），要全面提升"获得电力"服务水平，持续优化用电营商环境。明确用三年时间，即到2022年底，在全国范围内实现居民和低压小微企业用电报装"三零"服务、高压用户用电报装

"三省"服务。对群众反映强烈的用户受电工程"三指定"行为、价格收费违规行为、农村用电基础设施运行维护中存在的问题将同步开展监管。

2.1.3　电力供需情况

（一）电力供应

中国发电装机容量持续扩大，但增速放缓，清洁能源装机增长强劲，装机结构清洁化趋势明显，给电网资源配置带来供需平衡的压力逐步加大。截至2020年底，中国发电装机容量达到 22 亿 kW，同比增长 9.6%，增速较上年提升 3.7 个百分点。其中，火电装机容量 12.5 亿 kW，同比上升 4.8%，新增装机容量 5560 万 kW；水电装机容量 3.7 亿 kW，同比上升 3.4%，新增装机容量115 万 kW；受政策影响，太阳能发电装机容量增速有所放缓，装机容量达到2.5 亿 kW，同比增长 24.1%，新增装机容量约 4925 万 kW；风电装机容量达到 2.8 亿 kW，同比增长 34.7%，新增装机容量 7238 万 kW；核电装机容量达到 4989 万 kW，同比增加 2.4%，新增装机容量 115 万 kW。2019 年、2020 年中国不同电源类型装机容量、增速如图 2-4 和图 2-5 所示。

图 2-4　2019 年、2020 年中国不同电源类型装机容量及增速

数据来源：中国电力企业联合会，中国电力行业年度发展报告 2021。

中国发电量增速放缓，火电发电量比重持续下降，非化石能源发电量快速增长。2020 年，中国全口径发电量 76 236 亿 kW·h，同比增长 4.0%，增速放缓，较上年降低约 1 个百分点。其中火电发电量 51 743 亿 kW·h，同比增长 2.5%；水电发电量 13 552 亿 kW·h，同比增长 4.1%；核电发电量 3662 亿 kW·h，同比增长 5.0%；风电、太阳能发电量分别为 4665 亿、2611 亿 kW·h，分别同比增长 15.1% 和 16.6%。2019 年、2020 年中国不同电源类型发电量、增速如图 2-6 和图 2-7 所示。

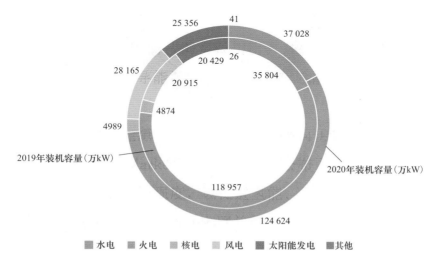

图 2-5　2019 年和 2020 年中国电源类型装机容量

数据来源：中国电力企业联合会，中国电力行业年度发展报告 2021。

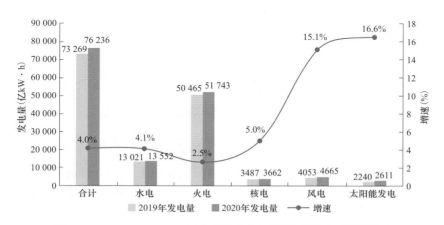

图 2-6　2019—2020 年中国不同电源类型发电量及增速

数据来源：中国电力企业联合会，中国电力行业年度发展报告 2021。

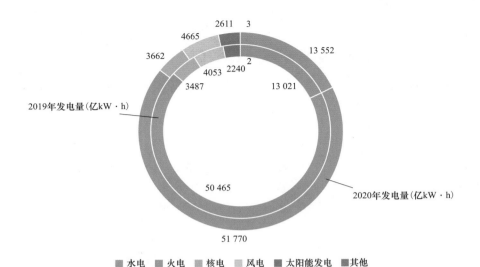

图 2-7 2019 年和 2020 年全国不同电源类型发电量

数据来源：中国电力企业联合会，中国电力行业年度发展报告 2021。

2020 年，全国发电设备平均利用小时数有所降低，随着具有间歇性、随机性特征的新能源发电比例增加，电力系统中火电的调节作用越发明显，火电和核电设备利用小时数下降幅度较大，水电作为清洁能源利用小时数有所增加。如图 2-8 所示，2020 年，全国 6000kW 及以上发电设备累计平均利用小时数为

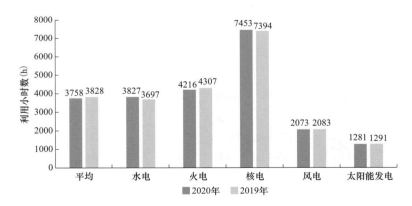

图 2-8 2019 年和 2020 年全国不同电源类型发电设备利用小时

数据来源：中国电力企业联合会，中国电力行业年度发展报告 2021。

3758h，较上年降低 70h。其中，水电 3827h，受来水充沛影响，较上年增加130h；太阳能发电 1281h，较上年减少 10h；火电 4216h，较上年减少 91h；核电 7453h，较上年增加 59h，风电 2073h，较上年减少 10h。

2020 年，电网迎来大规模可再生能源并网，各类清洁能源发电量不断增加，截至 2020 年底，全国可再生能源发电累计装机容量 9.34 亿 kW，同比增长约 17.5%，占全部电力装机的 42.5%；2020 年，全国可再生能源发电量达 22 154 亿 kW·h，占全部发电量的 29.1%；风电、光伏发电量7426 亿 kW·h，占全部发电量的 9.5%；生物质发电量 1326 亿 kW·h，占全部发电量的 1.7%。

2020 年电网发展着力支撑新能源发展，大力促进新能源消纳。全国平均风电、光伏利用率 97% 和 98%，全国可再生能源电力实际消纳量为21 613 亿 kW·h，占全社会用电量比重 28.8%，同比提高 1.3 个百分点；全国非水电可再生能源电力消纳量为 8562 亿 kW·h，占全社会用电量比重为 11.4%，同比增长 1.2 个百分点。30 个省（区、市）中，除西藏免除考核外，全国 30 个省（区、市）都完成了国家能源主管部门下达的总量消纳责任权重和非水电消纳责任权重，可再生能源电力消纳占全社会用电量的比重超过 80% 的省份有 3 个、40%～80% 的 6 个、20%～40% 的 10 个、10%～20% 的 11 个。全国 22 条特高压线线路年输送电量 5318 亿 kW·h，其中输送可再生能源电量 2441 亿 kW·h，同比提高 3.8%，占全部输送电量的比重达到 45.9%。

（二）电力消费

中国全社会用电量增速有所放缓，2020 年，中国全社会用电量达到 75 110亿 kW·h，同比增长 3.1%，增速较上年下降 1.4 个百分点。"十三五"时期全社会用电量年均增长 5.7%，较"十二五"时期的增速回落 0.6 个百分点。从2015 年开始，中国宏观经济调速换挡，进入发展新常态，增长方式发生转变，当年全社会用电量 5.69 万亿 kW·h，增速回落至 0.96%，为多年来最低值。

2016 年后产业结构加快升级，全社会用电量增速回升，2019 年全社会用电量增速增长至 4.47%。2020 年电力需求和电力供应都受到疫情影响，尤其是第二、三产业受冲击较大，下半年随着复工复产、复商复市持续推进，用电需求较快回升，供电保障压力大增。各产业和居民生活用电量及增速如图 2-9 所示。

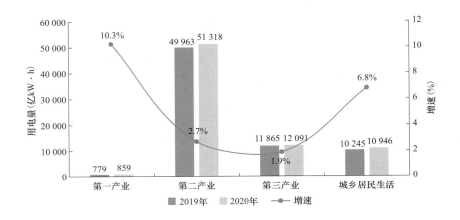

图 2-9　2019—2020 年全国各产业和居民生活用电量及增速

数据来源：中国电力企业联合会，中国电力行业年度发展报告 2021。

2020 年西部地区用电增速领先，东、中、西部和东北地区全社会用电量增速分别为 2.1%、2.4%、5.6%、1.6%。全国共有 27 个省（区、市）用电量为正增长，其中，云南、四川、甘肃、内蒙古、西藏、广西、江西、安徽等 8 个省（区、市）增速超过 5%。

疫情防控取得成效，全国生产经营情况恢复较好，2020 年，全国最大用电负荷依旧保持较大幅增长，全国电网统调最大用电负荷 10.6 亿 kW，较 2019 年同比增长 8.59%。全国普遍实现增长，其中北京、天津、山西、安徽、江西、四川、蒙东和西藏等省（区、市）级电网增速较高，具体如图 2-10 所示。

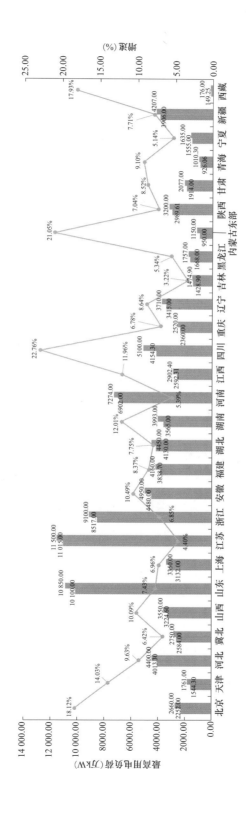

图 2-10 2019—2020 年国家电网公司经营区各省（区、市）级电网最大用电负荷及增速

2.2 电网发展分析

2.2.1 电网投资

（一）总体情况

在贸易和消费受到疫情影响较大的情况下，电力行业稳住投资，充分发挥对经济的"压舱石"作用，电力投资继上年小幅增长后，2020年持续增加，电网投资稳中有降，电源投资增幅较大。2014—2020年中国电力投资规模如图2-11所示，2020年中国电力投资10 189亿元，同比增长22.8%，突破1万亿元。

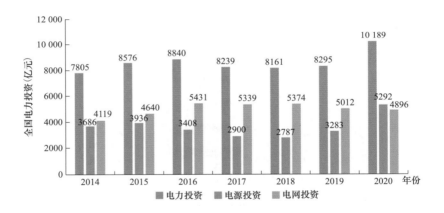

图 2-11　2014—2020年中国电力投资规模

数据来源：中国电力企业联合会，2020年全国电力工业统计快报。

随着"双碳"目标的提出，可再生能源发电建设持续增长，大幅拉动了电源投资，2020年电源投资5292亿元，同比增长61.2%，达到历史新高。水电、风电、太阳能发电投资规模分别同比增长17.9%、71.0%和62.2%。火电、核电投资持续下降，分别同比下降27.3%和18.0%。

电网投资依然保持较高水平。2020年电网投资4896亿元，同比下降

2.3%，继连续 4 年保持在 5000 亿元以上的水平之后，首次回落。电网投资占电力投资的比例为 48.1%，较上一年度下降了 12.3 个百分点。随着以新能源为主体的新型电力系统的构建，分布式电源将快速发展，预计"十四五"期间电网投资将会保持高位，并向配网倾斜。

（二）电网投资结构

2020 年，电网企业加快构建新型电力系统，加速补齐配电网发展短板，其投资仍然占整个电网投资比重的大部分，输电网、配电网以及其他投资的结构为 37.9：57.4：4.7。随着新能源接入比例增加，电网电力资源配置能力需要显著加强，220kV 及以上输电网投资 1879 亿元，比上年增长 23.4%。配网投资同比降低，110kV 及以下配电网投资 2788 亿元，比上年下降了 11.5%。110kV（含 66kV）电网投资比上年降低 3.7%；35kV 及以下电网投资比上年降低 13.5%，占电网总投资的 44.2%，投资比例较上年回落 5.7 个百分点。2014—2020 年全国电网投资规模及增速如图 2-12 所示。

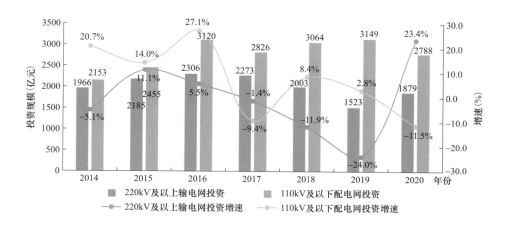

图 2-12 2014—2020 年全国电网投资规模及增速

数据来源：中国电力企业联合会，中国电力行业年度发展报告 2021。

全国农网改造投资 1739 亿元。其中国家电网、南方电网分别投资 1316 亿元和 361 亿元，比上年分别降低了 18.0% 和 6.6%；内蒙古电力集团投资 30 亿元，比上年增速 9.1%。

（三）电网工程造价水平

（1）变电工程造价水平。

受变电设备、材料价格增加的影响，各电压等级变电工程单位造价呈现不同程度上涨。2020 年，在建 1000、±800、750、500、330、220、110kV 变电工程单位容量造价分别为 382、602、155、166、283、274、370 万元/（kV·A），同比分别增加 3.24%、1.69%、4.73%、4.40%、5.20%、4.58%、4.52%，如图 2-13 所示。

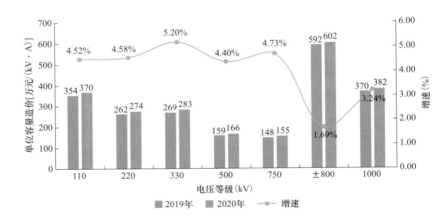

图 2-13　2019—2020 年中国新建变电工程单位容量造价及增速

数据来源：中国电力企业联合会，中国电力行业年度发展报告 2021。

（2）线路工程造价水平。

随着技术成熟、国产化水平提升，100kV 电压等级输电线路工程单位长度造价有所下降，其余电压等级输电线路工程受材料价格上涨的影响，单位长度造价整体呈上涨趋势。2020 年，在建 1000kV 线路工程单位长度造价同比降低 2.62%，为 670 万元/km；±800、750、500、330、220、110kV 同比增加 0.40%、2.01%、1.52%、1.53%、2.50%、2.60%，分别达到 497、305、268、133、123 万元/km 和 79 万元/km，如图 2-14 所示。

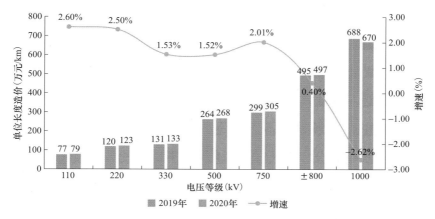

图 2-14　2019—2020 年中国新建架空线路工程单位长度造价及增速

数据来源：中国电力企业联合会，中国电力行业年度发展报告 2021。

2.2.2　电网规模

（一）总体情况

中国输电线路长度增长与电力需求增长保持一致，各电压等级网架不断优化，跨省跨区输送和配置清洁能源的能力进一步加强。截至 2020 年底，中国 220kV 及以上输电线路回路长度达 79.4 万 km，同比增长 4.6%。与 2019 年相比，直流输电线路增加 4075km，交流线路增加 30 578km，其中 220kV 和 500kV 线路新增规模较大，分别为 20 632km 和 5897km，1000kV 和 ±800kV 增速较快，分别为 11.10% 和 12.85%；750kV 增速放缓为 4.69%，同比降低了 3.1 个百分点。中国 220kV 及以上输电线路回路长度及增速见表 2-1。

表 2-1　　　　中国 220kV 及以上输电线路回路长度及增速　　　　km

电压等级	2019 年	2020 年	2020 年新增	2020 年增速
合计	759 465	794 118	34 653	4.56%
直流	41 908	45 983	4075	9.72%
±1100kV	3295	3295	0	0.00%
±800kV	21 907	24 722	2815	12.85%
±660kV	1334	1334	0	0.00%

续表

电压等级	2019 年	2020 年	2020 年新增	2020 年增速
±500kV	13 733	14 793	1060	7.72%
±400kV	1639	1639	0	0.00%
交流	717 557	748 135	30 578	4.26%
1000kV	11 766	13 072	1306	11.10%
750kV	23 256	24 346	1090	4.69%
500kV	195 636	201 533	5897	3.01%
330kV	32 314	33 967	1653	5.12%
220kV	454 585	475 217	20 632	4.54%

数据来源：中国电力企业联合会，中国电力行业年度发展报告 2021。

截至 2020 年底，中国 220kV 及以上变电设备容量达 45.3 亿 kV·A，同比增长 4.9%。±800kV 和 1000kV 特高压设备容量有较大增幅，同比分别增长 15.58% 和 13.73%，其他电压等级变电容量增速相对平稳，见表 2-2。

表 2-2　　　　中国 220kV 及以上电网变电（换流）容量及增速　　　　万 kV·A

电压等级	2019 年	2020 年	2020 年新增	2020 年增速
合计	431 697	452 810	21 113	4.89%
直流	38 322	42 501	4179	10.90%
±1100kV	2867	2867	0	0.00%
±800kV	22 317	25 794	3477	15.58%
±660kV	947	947	0	0.00%
±500kV	10 945	11 648	703	6.42%
±400kV	1245	1245	0	0.00%
交流	393 375	410 309	16 934	4.30%
1000kV	15 300	17 400	2100	13.73%
750kV	18 305	20 165	1860	10.16%
500kV	145 599	151 505	5906	4.06%
330kV	12 046	13 096	1050	8.72%
220kV	202 124	208 143	6019	2.98%

数据来源：中国电力企业联合会，中国电力行业年度发展报告 2021。

2020 年，全国单位电网投资增售电量约为 0.5kW·h/元，同比减少 25.4%，自 2016 年连续保持增加以来首次出现下降，如图 2-15 所示。

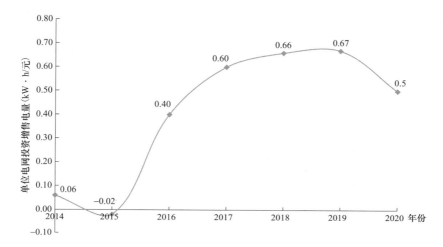

图 2-15　2014—2020 年全国单位电网投资增售电量

数据来源：中国电力企业联合会，2020 全国电力统计基本数据一览表。

全国单位电网投资增供负荷有所增加。2020 年，全国单位电网投资增供负荷约为 1.47kW/万元，与 2019 年相比有明显增长，2014—2020 年全国单位电网投资增供负荷如图 2-16 所示。

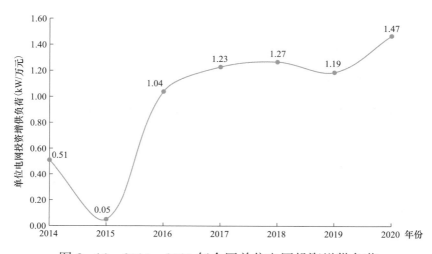

图 2-16　2014—2020 年全国单位电网投资增供负荷

数据来源：中国电力企业联合会，中国电力行业年度发展报告 2021。

（二）网荷协调性

网荷总体协调，电网发展速度略低于用电负荷增速。2020 年全国 35kV 及以上线路长度、变电（换流）容量分别同比增长 2.5％和 9.66％，售电量和最高用电负荷增速分别为 4.18％和 12.35％。2019－2020 年中国电网规模及增速如图 2-17 所示。

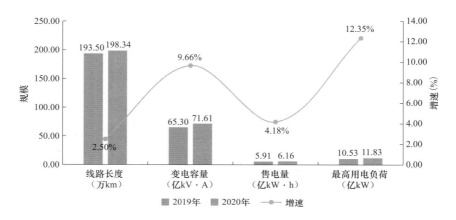

图 2-17　2019－2020 年中国电网规模及增速

来源：中国电力企业联合会，2020 全国电力统计基本数据一览表；

电力规划设计总院，中国电力发展报告 2021。

（三）网源协调性

网源总体协调，电源发展速度高于电网发展速度。2020 年全国 220kV 及以上电压等级电网线路长度增速为 4.6％，变电容量增速为 4.9％，发电量增速为 4.1％，发电装机容量增速为 9.6％。发电装机高速增长主要源于新能源发电的快速发展，新增发电装机中新能源发电装机占比超过 60％。2019－2020 年220kV 及以上电网和电源增长情况如图 2-18 所示。

2.2.3　主网结构

输电网架不断完善，电网资源配置能力不断加强，新能源电源的接纳能力持续提升，电网互联水平进一步提高，跨省跨区清洁能源输送能力进一步加

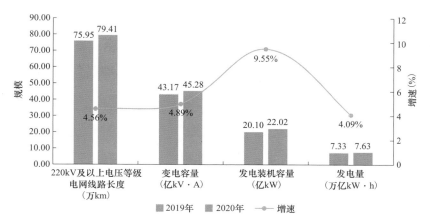

图 2-18 2019—2020 年 220kV 及以上电网和电源增长情况

数据来源：中国电力企业联合会，2020 全国电力统计基本数据一览表。

强。除台湾地区外，中国电网实现了全国电网互联，其中华北电网和华中电网采用交流同步联网，华北—华东、华北—东北、华北—西北、华中—华东、华中—西北、西北—西南、西南—华东、华中—南方大区之间均以直流异步互联，如图 2-19 所示。

（一）特高压骨干网架形态

2020 年以来，新投运的青海—河南、雅中—江西、陕北—湖北 3 项特高压直流工程，加强了清洁能源的跨省跨区输送能力。

青海—河南 ± 800 kV 特高压直流输电工程（简称"青豫直流"）于 2020 年 12 月 30 日正式投运，工程是一条专为清洁能源外送建设的特高压通道，最大输送功率 800 万 kW，途经青海、甘肃、陕西、河南 4 省，线路全长 1563km，总投资 226 亿元，每年将有 400 亿 kW·h 清洁电力从青海直送中原，约占河南年用电量的八分之一，能让河南减少燃煤消耗约 1800 万 t，减排二氧化碳约 2960 万 t。

雅中—江西 ± 800 kV 特高压直流输电工程（简称"雅湖直流"）于 2021 年 6 月 21 日正式投运，最大输送功率 800 万 kW，起于四川省凉山彝族自治州的雅砻江换流站，止于江西省抚州市的鄱阳湖换流站途经四川、云南、贵州、湖南和江西 5 省，线路全长 1696km，总投资 244 亿元，是加快实现四川水电消纳、满足中东部绿色发展需求的重大输电项目。该工程每年可将四川 360 亿 kW·h 清洁电量输至华中地区，替代原煤 1620 万 t，减排二氧化碳 2660 万 t。

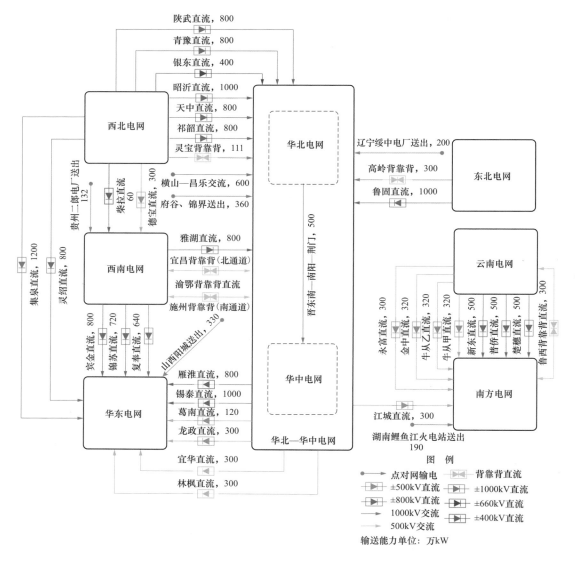

图 2-19 中国区域或省级同步电网互联示意❶

---

❶ 蒙西电网与华北电网统一调度，在图中未区分体现。

陕北—湖北±800kV 特高压直流输电工程（简称"陕湖直流"）于 2021 年 8 月 6 日投运，最大输送功率 800 万 kW，工程起于陕西省榆林市，止于湖北省武汉市，途经陕西、山西、河南、湖北 4 省，线路全长 1127km，总投资 185 亿元。送端连接陕北能源基地和西北 750kV 交流电网，受端接入湖北负荷中心和华中 500kV 交流电网，每年输送电量 400 亿 kW·h，相当于替代受端原煤 1800 万 t，减排二氧化碳 2960 万 t。

截至 2021 年 9 月，中国在运特高压工程达到"十四交十八直"。其中，国家电网公司经营区域内有"十四交十四直"，南方电网公司经营区域内有"四直"，见表 2-3。

表 2-3　　　已投运的特高压工程（截至 2021 年 9 月底）

类型	序号	电压等级	工程起落点	开工日期	投运日期
交流	1	1000kV	晋东南—荆门	2006 年 8 月	2009 年 1 月
	2	1000kV	淮南—浙北—上海	2011 年 10 月	2013 年 9 月
	3	1000kV	浙北—福州	2013 年 4 月	2014 年 12 月
	4	1000kV	锡盟—山东	2014 年 11 月	2016 年 7 月
	5	1000kV	淮南—南京—上海	2014 年 7 月	2016 年 11 月
	6	1000kV	蒙西—天津南	2015 年 3 月	2016 年 11 月
	7	1000kV	锡盟—胜利	2016 年 4 月	2017 年 7 月
	8	1000kV	榆横—潍坊	2015 年 5 月	2017 年 8 月
	9	1000kV	雄安—石家庄	2018 年 3 月	2019 年 6 月
	10	1000kV	苏通 GIL 综合管廊工程*	2014 年 7 月	2019 年 9 月
	11	1000kV	潍坊—石家庄	2018 年 5 月	2019 年 12 月
	12	1000kV	驻马店—南阳	2019 年 3 月	2020 年 7 月
	13	1000kV	张北—雄安	2019 年 4 月	2020 年 8 月
	14	1000kV	蒙西—晋中	2018 年 11 月	2020 年 9 月
直流	1	±800kV	云南—广州	2006 年 12 月	2010 年 6 月
	2	±800kV	复龙—奉贤	2008 年 12 月	2010 年 7 月
	3	±800kV	锦屏—苏南	2009 年 12 月	2012 年 12 月
	4	±800kV	普洱—江门	2011 年 12 月	2013 年 9 月

续表

类型	序号	电压等级	工程起落点	开工日期	投运日期
直流	5	±800kV	天山—中州	2012 年 5 月	2014 年 1 月
	6	±800kV	宜宾—金华	2012 年 7 月	2014 年 7 月
	7	±800kV	宁东—绍兴	2014 年 11 月	2016 年 8 月
	8	±800kV	酒泉—湖南	2015 年 6 月	2017 年 6 月
	9	±800kV	晋北—南京	2015 年 6 月	2017 年 6 月
	10	±800kV	锡盟—泰州	2015 年 12 月	2017 年 10 月
	11	±800kV	扎鲁特—青州	2016 年 8 月	2017 年 12 月
	12	±800kV	上海庙—临沂	2015 年 12 月	2017 年 12 月
	13	±800kV	滇西北—广东	2016 年 4 月	2018 年 5 月
	14	±1100kV	准东—皖南	2016 年 6 月	2019 年 9 月
	15	±800kV	昆北—龙门	2018 年 5 月	2020 年 5 月
	16	±800kV	青海—河南	2018 年 11 月	2020 年 12 月
	17	±800kV	雅中—江西	2019 年 9 月	2021 年 6 月
	18	±800kV	陕北—湖北	2020 年 2 月	2021 年 8 月

* 苏通 GIL 综合管廊工程是淮南—南京—上海工程的组成部分。

（二）区域电网网架形态

目前，全国已形成东北、华北、西北、华东、华中、西南、南方七大区域电网格局。其中，东北形成了 500kV 主网架结构，华北形成了"两横三纵一环网"交流特高压主网架，西北形成了 750kV 主网架，华东形成 1000kV 特高压环网，华中四省与西南电网实现异步互联，川渝电网实现了与藏中的 500kV 联网，南方电网形成了"八交十一直"的西电东送主网架。

（1）华北电网。

截至 2020 年底，华北电网规模持续增长，华北地区新增变电容量 4110 万 kV·A，500kV 及以上交流线路长度 4626km。

从电网结构看，网架结构和可靠性进一步加强，形成了以雄安、石家庄、天津、济南环网为中心，以京津冀区域为手段负荷中兴的"花瓣型三环网"特高压主网架，华北网架输电能力进一步提升，成为北电南送的重要枢纽。

（2）华东电网。

截至 2020 年底，华东电网规模缓步发展，华东地区新增变电容量 3815 万 kV·A，500kV 及以上交流线路长度 887km。

从电网结构看，华东电网网架结构坚强，西电东送能力进一步加强，围绕长三角地区形成特高压交流环网，并通过祁韶直流、雁淮直流与华北电网形成直流背靠背互联。浙福特高压工程与淮上、向上、宾金、锦苏等特高压工程相互支撑，在华东地区初步形成了"强交强直"电网格局，为华东电网系统电压、频率稳定提供了坚强支撑。增加了福建电网和华东电网联网的主干通道，进一步发挥资源的优化配置作用，形成了区域电网间较为强大的相互支援能力，提高了电网应对各种自然灾害的能力。

（3）华中电网。

截至 2020 年底，华中电网规模进一步增强，华中地区新增变电容量 3488 万 kV·A，500kV 及以上交流线路长度 5511km。从电网结构看，电网结构进一步优化，形成了一个中部框架、两大输电通道、三大电源送端、四个负荷中心的电网结构。两大输电通道形成了华中地区特高压清洁能源受入"大动脉"。

（4）东北电网。

截至 2020 年底，东北电网规模稳步增长，东北地区新增变电容量 1700 万 kV·A，500kV 及以上交流线路长度 6314km，500kV 主网架已经覆盖东北地区的绝大部分电源基地和负荷中心。从电网结构看，东北电网已发展成为北与俄罗斯"直流背靠背"联网、南部和西部分别与华北电网"直流背靠背"和"直流特高压"联网、自北向南交直流环网运行的区域性电网，网架进一步加强，有效支撑了电力网汇外送。

（5）西北电网。

截至 2020 年底，西北电网规模稳步增长，西北地区新增变电容量 2958 万 kV·A，500kV 及以上交流线路长度 2759km。从电网结构看，西北电网使电源基地紧密相连,形成了以甘肃为中心的 750kV 主网架,负荷中心多环网供电的主网结构,西电东送能力进一步增强。

(6)西南电网。

截至 2020 年底,西南电网规模稳步增长,新增变电容量 250 万 kV·A,500kV 及以上交流线路长度 221km。从电网结构看,西南电网通过直流同其他区域联系,区域内直流输电线路 7 条,川藏、川渝间分别建成 2 回、6 回 500kV 联络线,形成以川渝电网为中心,涵盖川渝藏三省市区的 500kV 主干网架。

(7)南方电网。

截至 2020 年底,南方电网规模持续增长,南方地区新增变电容量 1650 万 kV·A,500kV 及以上交流线路长度 1468km,区域内两条直流输电工程投产运行。从电网结构看,以云南、贵州为主要送端,广东、广西为主要受端,形成了"八交十一直"的西电东送主干网架,维持云南电网与南方电网主网异步运行。

(三)跨境互联电网形态

中国已与俄罗斯、蒙古、朝鲜、缅甸、越南、老挝等七个国家实现了电力互联及电量交易。截至 2020 年底,缅甸通过 1 回 500kV 线路、2 回 220kV 线路、1 回 110kV 线路和 8 回 35kV 线路,36 回 10kV 线路与中国互联;俄罗斯通过东北地区,1 回 500kV 线路背靠背、2 回 220kV 线路、2 回 110kV 线路向中国供电;中国通过 3 回 220kV 线路向越南供电,通过 1 回 115kV 线路、3 回 35kV 线路向老挝供电,通过 2 回 220kV 线路、3 回 35kV 线路、6 回 10kV 线路向蒙古国供电。

2.2.4 配网发展

(一)配网规模稳步增长有力支撑分布式新能源发展

2020 年,全国 35～110kV 配电网输电线路长度为 126 万 km,同比增长 4.3%;35kV 输电线路回路长度为 54 万 km,同比增长 2.8%。全国 35～110kV 配电网变电设备容量为 24 亿 kV·A,同比增长 3.9%。其中,110kV(含 66kV)变电设备容量为 20 亿 kV·A,同比增长 4.4%;35kV 变电设备容量为 4 亿 kV·A，同比增长 1.1%。

　　配电网的发展有效提高了分布式新能源的接入能力，助力新型电力系统的构建。2020 年新增光伏发电中，分布式光伏占比 32%，累计装机占光伏发电总装机容量的 31%。国网公司经营区内年发电量 627 亿 kW·h，占光伏总发电量的 28%，平均年利用小时数约 1000h。

　　（二）供电质量稳步上升助力用电环境持续优化

　　随着分布式新能源增加，电力电子器件大量接入，供电质量将逐步受到影响，电网企业不断提升综合治理能力，供电质量稳步提升。2020 年，主要电网企业所辖地区综合电压合格率均完成"十三五"的发展目标值。全国供电系统用户平均供电可靠率为 99.865%（比 2019 年提升了 0.022 个百分点），其中农村地区平均供电可靠率提升显著达到 99.835%。用户平均停电时间同比减少 1.85h/户，用户平均停电频率，同比减少 0.30 次/户。

　　"获得电力"排名持续提升，用电营商环境持续优化。2020 年，在全球 190 个经济体中，中国"获得电力"排名连续大幅跃升至全球第 12 位，被世界银行评价为"已接近或位于全球最佳实践的前沿"。

　　（三）"三区三州"农网改造升级如期完成

　　为期三年的"三区三州"深度贫困地区农村电网改造升级攻坚行动如期全面完成，为脱贫攻坚取得全面胜利提供了坚强的电力保障。2018－2020 年，"三区三州"深度贫困地区新建和改造 35kV 及以上线路 1.2 万 km、10kV 及以下线路 6.9 万 km，消除了 802 条 10kV "卡脖子"线路，48.2 万户低电压问题，新增用电户数 120 万户。210 个贫困县的 1900 多万居民用上了安全稳定的电能，"三区三州"地区 2020 年上半年的用电量比改造前同期增长超过 30%。

2.2.5　运行交易

　　（一）电网运行

　　电网运检水平和管理能力不断提升，综合线损率再创新低。2020 年，综合线损率 5.62%，同比下降 0.31 个百分点，继续保持在 6% 以下，已经达到《电力发展"十三五"规划》中"到 2020 年，电网综合线损率控制在 6.5% 以内"的目标。十年累计降低 0.9 个百分点。

电网加快新型电力系统构建，清洁能源消纳水平稳步提升。2020 年，全国弃水电量约 301 亿 kW·h，同比减少 46 亿；弃风电量 166 亿 kW·h，同比减少 3 亿 kW·h，平均弃风率 3.5%，同比下降 0.5 个百分点；弃光电量 52.6 亿 kW·h，增加 6.9 亿 kW·h，平均弃光率 2.0%，与上年持平，处于较低水平。

（二）市场化交易

2020 年，市场化交易规模继续保持增长，全国市场交易电量为 31 663 亿 kW·h，同比增长 11.7%，占全社会用电量的 42.1%。其中直接交易电量为 24 760 亿 kW·h，比上年增长 13.7%，占全社会用电量的 32.9%，比上年提高 2.8 个百分点，占电网企业售电量比重 40.2%，比上年提高 3.3 个百分点。省内市场交易电量 26 076 亿 kW·h，占全国市场交易电量的 82.4%，省间（含跨区）市场交易电量合计为 5588 亿 kW·h，占全国市场 17.6%。

2020 年，国家电网公司经营区市场交易电量 23 867.9 亿 kW·h，占全国市场交易电量的 75.4%；南方电网公司经营市场交易电量 5903.9 亿 kW·h，占 18.6%；蒙西电网区域市场交易电量 1891.7 亿 kW·h，占 6%。

（三）区域内电量交换

2020 年，全国区域内累计电量交换规模达 11 036.25 亿 kW·h，同比增长 2.59%，国网经营区域内累计电量交换 2783.36 亿 kW·h，同比增长 4.37%，经营区域外交换 723.76 亿 kW·h，同比增长 13.37%。2020 年全国部分区域内电量交换情况见表 2-4。

表 2-4　　　　　　2020 年全国部分区域内电量交换情况

区域	累计域内交换电量（亿 kW·h）		增速（%）
	2020 年	2019 年	
华北	3458.56	3372.11	2.56

区域	累计域内交换电量（亿 kW·h）		增速（%）
	2020 年	**2019 年**	
华东	1227.73	1315.90	－6.70
华中	328.58	283.47	15.91
东北	1171.83	1198.30	－2.21
西北	992.29	945.33	4.97
西南	350.15	337.45	3.76
南方及其他	693.48	607.74	14.11

数据来源：国家电网公司统计数据。

（四）进出口电量

2020 年，内地与港澳台地区合计完成电量交换 179 亿 kW·h，同比增长了 1.3%。其中，向香港地区送出电量 131 亿 kW·h，增长 2.8%，占香港用电量的 29.7%；向澳门地区送出电量 54 亿 kW·h，下降 6.7%，占澳门用电量的 89.6%。

2020 年，中国与邻国的合计完成电量交换 87 亿 kW·h，比上年增长 1.8%。购入电量 45 亿 kW·h，增长 1.4%，其中从俄罗斯进口电量 30.6 亿 kW·h，从缅甸进口电量 15.39 亿 kW·h。中国送出电量 42 亿 kW·h，增长 2.2%，其中向蒙古出口电量 13.94 亿 kW·h，向越南出口电量 19.4 亿 kW·h，向缅甸、老挝等国出口电量 6.34 亿 kW·h。

2.3　电网发展年度特点

（一）电网稳投资降成本发挥对国民经济的"压舱石"作用

2020 年初，新冠肺炎疫情在全球暴发，给中国短期和中期的电力需求带来了巨大的不确定性。一方面，若疫情持续得不到有效控制，可能导致经济增速放缓从而引起电力需求增长放缓。另一方面，面对党和政府"六稳、六保"工作要求，以及加速推进"新基建"，要求电网企业稳定投资规模，推动经济复苏。由此，中国电网企业积极出台多项举措，追加投资，助力复工复产，降低用电成本，关键时刻发挥了央企"顶梁柱"的担当，全面助力 2020 年经济运行，实现 V 形恢复，经济总量突破百万亿大关，同比增长 2.3%，是全球唯一实现经济正增长的主要经济体。

一是全方位多点发力，全力承担防疫物资生产企业扩大产能所需的电网建设。国家电网公司出台应对疫情影响、全力恢复建设、助推企业复工复产的 12 项举措。其中，对疫情防控物资生产企业全面实施"三零"服务。对疫情防控物资生产类新办企业、需扩大产能企业的用电需求，开辟办电绿色通道，实施零上门、零审批、零投资"三零"服务。南方电网公司出台支持疫情防控和企业复工复产供电服务保障六条举措，加强重要场所和重点区域保供电，加快满足疫情防控新增用电需求，全力支持企业复工复产，做好供电营业服务，全力保障民生和企业用电，降低企业用电成本。

二是积极安排电网基建建设工程开工建设，助推企业复工复产。在全力组织好疫情防控工作的同时，国家电网公司安排多项特高压、抽水蓄能电站等电网重大工程先期开工复工，助推企业复工复产。以电网重大工程作为撬动行业复工复产的支点，疫情暴发一个月以后，以 ±800 kV 青海－河南、陕北－湖北特高压直流输电工程、1000kV 特高压交流工程东吴（苏州）主变站扩建工程等五项特高压输变电工程、张北柔性直流工程及山西垣曲抽水蓄能电站项目为代表的近 1900 项、总投资超千亿元的电力基础设施工程开工复工，稳定了行业发展信心。率先开展物资招标工作，有效带动了上下游企业复工复产，对于支撑宏观经济增长具有重要意义。

三是充分考虑疫情对企业影响，出台阶段性降低用电成本政策，缓解企业经营压力。国家发展改革委 2 月 22 日出台阶段性降低用电成本政策，缓解企业经营压力，支持企业复工复产。国家电网公司落实发展改革委要求，出台八项举措，以坚决落实好阶段性降低用电成本政策，减免电费约 489 亿元，支持大工业和一般工商业企业。南方电网公司研究出台五项措施落实阶段性降低用电成本政策，为一般工商业和大工业企业减免电费 106 亿元，进一步支持企业复工复产、共渡难关。

（二）电网建通道提能力助力"碳达峰、碳中和"目标实现

习近平总书记在第七十五届联合国大会一般性辩论上向世界展示了中国减排二氧化碳的决心，同时宣布在 2030 年前实现"碳达峰"，2060 年前实现"碳中和"的目标。中央财经委第九次会议提出的构建以新能源为主体的新型电力系统进一步为电网发展指明了方向。

一是通过持续完善区域网架结构，提升资源大范围配置能力。 2020 年，华北形成了"两横三纵一环网"的交流特高压主网架，以内蒙古西部电网、山西电网为送端，以京津冀区域为受端负荷中心，形成西电东送、北电南送的送电格局。华东地区围绕长三角形成 1000kV 网架，并向南延伸至福建，满足负荷增长和清洁能源消费需求。华中四省电网目前已建成以三峡外送通道为中心、覆盖豫鄂湘赣四省的 500kV 骨干网架，改善区域电网结构，保障用电安全，满足电能替代需求，促进能源消费进一步清洁发展。东北地区立足能源外送需求，持续改善网架结构，500kV 主网架已经覆盖东北地区的绝大部分电源基地和负荷中心，提升能源资源配置富余电力外送能力。西北地区以甘肃电网为枢纽的 750kV 网架进一步加强，增强了西北地区清洁能源外送能力。南方电网继续增强广西电网南北断面输送能力和电网调峰能力，加强"八交十一直"的西电东送主干网架，推动西电东送可持续发展，积极引入区外清洁电力。

二是积极建设清洁能源输送通道，提升电网对清洁能源配置能力。 2020—2021 年，新增投产特高压直流输电线路 3 条，其中青豫直流专为清洁能源外送建设的特高压通道，最大输送功率 800 万 kW，每年将有 400 亿 kW•h 清洁电力从青海直送河南，相当于河南省全年用电量的八分之一，能减少燃煤消耗约 1800 万 t、减排二氧化碳约 2960 万 t。雅湖直流最大输送功率 800 万 kW，加快实现四川水电消纳、满足中东部绿色发展需求，每年可将四川 360 亿 kW•h 清

洁电量输至华中地区，替代原煤 1620 万 t，减排二氧化碳 2660 万 t。陕湖直流连接陕北能源基地和西北 750kV 交流电网。跨省区输电能力达到 2.3 亿 kW，输送清洁能源电量比例 43%，发挥电网的全国范围内新能源资源优化配置能力。

三是布局抽水蓄能电站建设，提升电网灵活性调节能力。为了实现碳中和目标，大力发展可再生能源已成为必然趋势。然而，由于风电光伏的间歇性、不稳定性，新能源装机并网需要搭配更多的调节性电源，提高电力系统的灵活性。目前抽水蓄能在储能应用中装机占比最多，启动时间短、调节速率快，是新型电力系统中不可或缺的一部分。2021 年 3 月，国家电网提出"十四五"期间新开工 2000 万 kW 抽水蓄能电站装机的目标。南方电网也在 2021 年 9 月 23 日提出，2035 年南方电网将新增抽水蓄能装机容量 3600 万 kW，强力支撑新能源为主体的新型电力系统，助力国家"碳达峰、碳中和"目标的实现。

（三）电网补短板强农网促进脱贫攻坚乡村振兴有效衔接

2020 年，中国打赢脱贫攻坚战，向着全面建成小康社会的第二个百年奋斗目标稳步迈进。电网事业发展关系着国民经济命脉和国家能源安全，在助力乡村振兴与打赢脱贫攻坚战、全面建成小康社会方面，通过加快贫困地区电网建设，提升农村电网供电服务质量，助力当地产业振兴，生产要素流动，发挥了重要的积极作用。

一是加强电力外送通道建设，将西部资源优势转化为经济优势。电网企业把贫困地区电网建设作为脱贫攻坚主战场，着力加强电网网架，提升供电可靠性，将资源优势转换为经济优势。青藏联网工程、川藏联网工程、藏中电力联网工程、±800kV 哈密南－郑州特高压直流工程、±1100kV 昌吉－古泉特高压直流工程、阿里联网工程，将西部地区资源优势转化为经济优势。通过组织藏、疆、青、陇、川电力外送，促成四川送浙江、四川涉藏州县水电外送专项扶贫电力交易，提取资金用于四川的 40 个贫困县和甘孜、阿坝等涉藏州县脱贫攻坚。

二是围绕行业扶贫全力以赴攻克贫困堡垒。向定点扶贫县（区）捐建光伏扶贫电站，覆盖当地建档立卡贫困村，推动构建电站市场化运维机制和收益的精准分配机制。在开展定点光伏扶贫的基础上，积极服务更多的光伏扶贫项目并网工程，建成全国光伏扶贫信息监测中心，实现村级光伏扶贫电站运行数据分钟级监测，提升全国村级光伏扶贫电站发电能力 8.24 个百分点。

三是补齐农网基础设施短板，促进乡村产业发展，促进脱贫攻坚与乡村振兴有效衔接。电网企业加强脱贫攻坚同乡村振兴的有效衔接，巩固脱贫攻坚取得的成果，持续加大电网建设上的投入，提升农村供电可靠性，实现了乡村从生活用电基本需求向农业生产、产业发展动力电需求的跨越，为乡村地区生态经济化、经济生态化奠定了坚实基础。2020 年国家电网经营区域内农村电网供电可靠率达到 99.848%，综合电压合格率达到 99.803%。南方电网经营区域内农村电网关键指标于 2019 年提前一年达到国家新一轮农网改造升级目标。

四是加强农村地区供电服务能力建设，提升农村电气化水平。针对提升普遍服务能力需求，国家电网公司加快推广小微企业"三零"服务，2021 年底前实现农村地区 100kW 及以下小微企业用电报装"零投资"。在农村清洁用能方面，服务新能源汽车下乡，推进农村清洁能源建设工程，开展"供电＋能效服务"，因地制宜推广乡村电气化项目，农村电能替代完成 65 亿 kW·h。南方电网公司加快推进农业农村电气化，促进农村经济发展和消费升级。在建设美丽乡村方面，大力推进乡村振兴示范村及新型城镇化示范区电网建设，预计"十四五"期间，建设改造农村微电网 12 个，综合能源示范村 6 个；完成 282 个省级特色小镇、12 个电气化示范村配套电网建设；建成 13 个新型城镇化配电网示范区，客户年平均停电时间不超过 2h。

3

国内外电网发展对比分析

⯂ 章节要点

建立了电网发展水平指标体系，综合量化评价电网发展水平。 涵盖规模与速度、安全与质量、协调发展、低碳发展、服务能力、智能化水平 6 个一级维度，包含 18 个分属源侧、网侧、荷侧的可量化指标。

各国电网处于不同发展阶段，发达经济体在电网安全与质量、低碳发展水平等方面保持领先，发展中经济体在电网发展速度、电价水平等方面具有优势。 北美、欧洲、澳大利亚、日本等发达国家和地区，电力需求基本饱和，电网相对成熟，规模保持稳定，处于低速稳定发展阶段，具有较高可靠性和输电效率，低碳发展水平较高，但源网荷发展协调性存在差异，日本、澳大利亚、欧洲平均电价较高。中国、印度、巴西、非洲等发展中国家和地区，电网处于中高速发展阶段，可靠性和输电效率有待提升，低碳发展空间较大，电价处于较低水平。俄罗斯电网保持中速发展，电价优势明显。

中国电网发展总体处于世界先进水平。 电网发展规模与速度居于世界首位，220kV 及以上电网线路长度达到 79.4 万 km，近五年平均增速约 5.4%；安全与质量总体处于中等水平，年户均停电时间较发达国家仍有提升空间；源网荷发展具有较好协调性；低碳发展水平位于中上游，可再生能源发电量占比和电能占终端能源消费比重分别达到 28.4% 和 28.2%；电力服务能力强而普惠。

碳中和目标下，部分国家研究制定了电力系统低碳发展目标和电网发展路径。 美国提出到 2035 年电力行业实现无碳化的目标，将转型低碳电源结构，提高电网输送能力，推动储能发展。欧盟提出可再生能源发电装机占比在 2030 年超过 32%，2050 年超过 80% 的愿景，提出构建以电网为骨干的清洁化、电气化和数字化的能源系统。日本 2030 年可再生能源发电量占比目标提高至 36%～38%，电网五大重点发展方向为构建适应可再生能源为主的电网、高效利用现有系统应对阻塞、发展源荷互动技术、保持电能质量、提升偏远地区离网供电能力。中国提出构建以新能源为主体的新型电力系统，2030 年风电、太阳能发电总装机容量达到 12 亿 kW 以上。

3.1 电网发展水平指标体系

电网发展水平指标体系分为两级，一级指标涵盖规模与速度、安全与质量、协调发展、低碳发展、服务能力、智能化水平 6 个维度，二级指标包括 18 个分属源侧、网侧、荷侧的可量化指标，如图 3-1 所示。限于数据来源，电网智能化水平维度暂不设立定量分析指标。

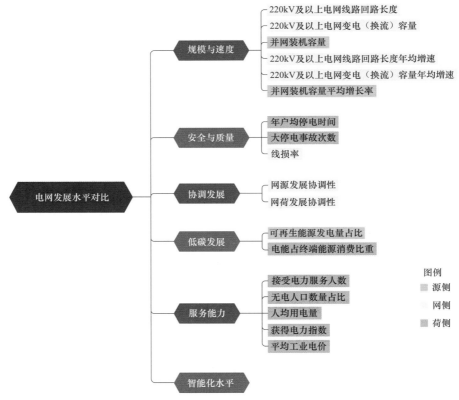

图 3-1　国内外电网发展水平对比指标体系

（1）规模与速度。

规模与速度体现电网的现状和近年来的发展增长速度，其中电网的现状采用 220kV 及以上电网线路回路长度、220kV 及以上电网变电（换流）容量、并网装机容量表示；电网发展速度采用以上三个指标 5 年来的平均增长率表示。

（2）安全与质量。

安全与质量体现电网安全可靠性和输送效率，其中电网安全可靠性采用年户均停电时间、大停电事故次数表示；电网输送效率采用线损率表示。

（3）协调发展。

协调发展体现电网发展与电源、负荷发展的匹配程度，分别采用网源发展协调性指标和网荷发展协调性指标表示。

（4）低碳发展。

低碳发展体现电网供应端和消费端的非化石能源利用水平，也就是低碳化水平，其中电网供应低碳化水平采用可再生能源发电量占比表示，消费端低碳化水平采用电能占终端能源消费比重表示。

（5）服务能力。

服务能力体现电网用户的数量、实际用电量、服务水平。其中：电网用户的数量采用国家或地区接受电力服务人数、无电人口数量占比两个指标表示；实际用电量采用人均用电量表示；服务水平采用获得电力指数和平均工业电价表示。

（6）智能化水平。

电网智能化水平体现电网采用智能化、信息化等先进技术的水平，原则上应反映电网在输电、变电、配电、用电、调度各环节的综合智能化水平，包括协同巡检、配电自动化、智能电表、班组移动作业、调控智能化等覆盖水平。

国内外电网发展水平对比指标定义见表 3-1。

表 3-1　　　　　　　　国内外电网发展水平对比指标定义

一级指标	二级指标	单位	指标定义
规模与速度	220kV 及以上电网线路回路长度	km	截至 2020 年底 220kV 及以上线路回路长度
	220kV 及以上电网变电（换流）容量	万 kW	截至 2020 年底 220kV 及以上变电和换流容量
	并网装机容量	万 kW	截至 2020 年底并网装机容量

续表

一级指标	二 级 指 标	单位	指 标 定 义
规模与速度	220kV 及以上电网线路回路长度年平均增长率	%	2016—2020 年 220kV 及以上线路回路长度年平均增长率
	220kV 及以上电网变电（换流）容量年平均增长率	%	2016—2020 年 220kV 及以上变电和换流容量年平均增长率
	并网装机容量年平均增长率	%	2016—2020 年并网装机容量年平均增长率
安全与质量	年户均停电时间	h	2020 年户均停电时间
	大停电事故次数	次	前十年发生造成较大影响的大停电事故次数
	线损率	%	2020 年线损率
协调发展	网源发展协调性		220kV 及以上电网变电（换流）容量平均增长率/装机容量平均增长率
	网荷发展协调性		220kV 及以上电网变电（换流）容量平均增长率/负荷平均增长率
低碳发展	可再生能源发电量占比	%	2020 年可再生能源发电量占总发电量的占比
	电能占终端能源消费比重	%	2020 年电能消费量和终端能源消费总量的比值
服务能力	接受电力服务人数	亿人	2020 年电网供电用户的人数
	无电人口数量占比	%	2020 年国家/地区无电人口占总人口的百分比
	人均用电量	kW·h	2020 年人均用电量
	获得电力指数		世行《2020 营商环境报告》"获得电力"指数排名
	平均工业电价	美元/（MW·h）	2020 年平均工业电价

3.2 电网发展水平对比分析

对比分析中国、北美、欧洲、日本、印度、巴西、非洲、俄罗斯、澳大利亚电网的发展情况与特点，见表 3-2。

表 3-2　2020 年国内外电网发展分析指标对比表

一级指标	二级指标	单位	中国	北美	欧洲	日本	印度	巴西	非洲	俄罗斯	澳大利亚
规模与速度	220kV 及以上电网线路回路长度	km	794 000	424 119	325 920	37 091	441 821	162 700	121 324	151 500	30 868
	220kV 及以上电网变电（换流）容量	万 kW	453 000	393 300	91 382	44 380	102 547	39 537	37 421	36 970	12 135
	并网装机容量	万 kW	220 000	141 046	122 389	35 565	38 215	17 904	25 800	27 153	8278
	220kV 及以上电网线路回路长度年平均增长率	%	5.44	3.56	0.94	0.08	5.28	4.71	4.37	2.02	0.35
	220kV 及以上电网变电（换流）容量年平均增长率	%	6.12	0.96	2.15	0.63	9.25	4.41	5.19	2.02	3.00
	并网装机容量年平均增长率	%	7.61	1.34	1.63	1.93	5.10	4.73	7.92	1.33	4.02
安全与质量	年户均停电时间	h	11.87	7.6	0.55	1.4	90*	12.8*	—	0.3*	1.4*
	大停电事故次数	次	2（台湾地区）	20	9	3	2	6	—	3	7
	线损率	%	5.87	6.61	12.48	4.54	17.84	16.69	15.61	11.15	4.66

续表

一级指标	二级指标	单位	中国	北美	欧洲	日本	印度	巴西	非洲	俄罗斯	澳大利亚
协调发展	网源发展协调性		0.80	0.72	1.32	0.33	1.81	0.93	0.66	1.51	0.75
	网荷发展协调性❶		0.90	0.64	0.87	3.15	2.39	4.01	—	—	0.89
低碳发展	可再生能源发电量占比	%	28.4	26.1	42.8	20.2	22.5	84.1	21.1	20.3	23.0
	电能占终端能源消费的比重	%	28.2	20.4	18.6	28.7	18.3	19.6	9.3	12.0	22.4
服务能力	接受电力服务人数	亿人	14.11	3.69	4.45	1.25	12.84	2.12	7.05	1.46	0.26
	无电人口数量比重	%	0	0	0	0	3	0	55	0	0
	人均用电量	kW·h	5317	12 215	5519	7517	967	2532	576	6814	9393
	获得电力指数		95.4	82.2	75.6	93.2	89.4	72.8	50.4	97.5	82.3
	平均工业电价*	美元/(MW·h)	87.0	97.4	111.9	139.8	103.7	168.2	52.8	42.5	268.2

* 为 2019 年数据。

❶ 受疫情影响，2020 年各国用电负荷普遍降低，不能有效反映近年增长情况，此处采用 2019 年数据计算。

3.2.1 规模与速度

在规模与速度方面，中国总体居于世界首位。从发展规模看，中国 220kV 及以上电网线路长度、220kV 及以上电网变电（换流）容量、并网装机容量均位于首位；欧洲、北美处于第一梯队，电网规模约为中国的一半；非洲、巴西、俄罗斯、澳大利亚、日本处于第二梯队，电网规模不足中国的 1/4；印度在线路长度和变电容量规模方面处于第一梯队，并网装机容量相对较小。**从发展速度看**，中国、印度、非洲、巴西电源电网规模增速均处于第一梯队，年均增长率超过世界平均增速；印度的电网规模增速高于中国，位于首位；北美、欧洲、俄罗斯、澳大利亚、日本电网发展相对成熟、用电需求相对饱和，电源电网规模增速均处于第二梯队；电网规模增速最低的是日本，不足 1%，电源规模增速最低的是俄罗斯。各国 220kV 及以上电网线路长度及年平均增长率、220kV 及以上变电（换流）容量及年平均增长率、并网装机容量及年平均增长率分别如图 3-2～图 3-4 所示。

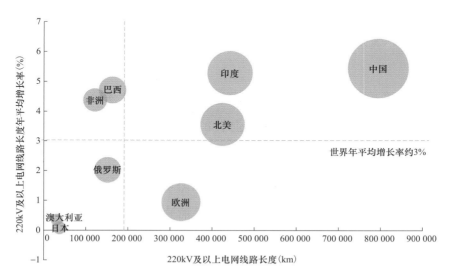

图 3-2　220kV 及以上电网线路长度及年平均增长率

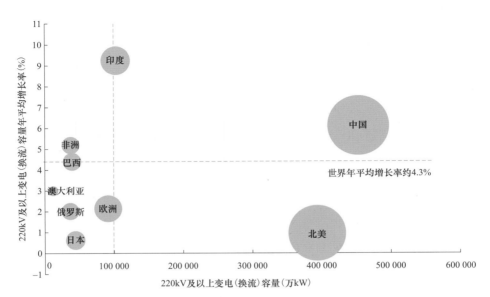

图 3-3　220kV 及以上电网变电（换流）容量及年平均增长率

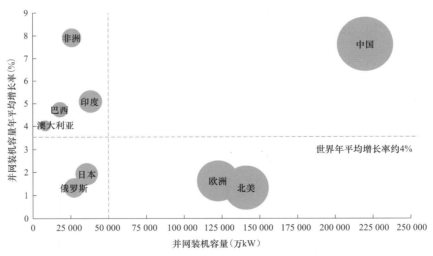

图 3-4　并网装机容量及年平均增长率

3.2.2　安全与质量

在安全与质量方面，中国处于中上水平。 从年户均停电时间看，中国为 11.87h，优于印度等发展中国家，但与发达国家还有明显差距。从大停电事故次数看，中国具有国际领先的电网安全运行水平，除台湾地区外的大陆近 20 年未发生大停电事故，美洲为大停电事故高发区。从线损率看，中国略高于日本和澳大利亚，优于北美和欧洲。各国年户均停电时间和线损率如图 3-5 所示。

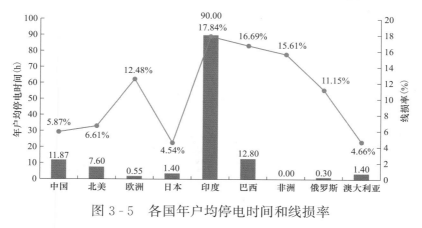

图 3-5　各国年户均停电时间和线损率

注：0 为相关数据未获得。

3.2.3　协调发展

协调发展方面，中国源网荷发展较为均衡。从网源发展协调性看，印度指标较高，达到 1.8，电网发展速度高于电源发展速度，日本指标仅为 0.33，电网发展速度滞后电源发展，其他国家（地区）网源发展具有较好均衡性。**从网荷发展协调性看，**巴西、日本、印度电网超前负荷发展，北美电网发展速度略滞后于负荷增长，中国、欧洲、澳大利亚电网发展速度与负荷增速相当。日本网源、网荷发展协调性呈明显逆向趋势，主要源于负荷发展缓慢而可再生能源发展迅速。各国网源发展协调性及网荷发展协调性如图 3-6 所示。

3.2.4　低碳发展

低碳发展方面，中国处于中上游水平。从可再生能源发电量占比看，巴西、欧洲、中国、北美均超过 25％，巴西发电侧清洁化水平最高，超过 80％，中国处于第 3 位，为 28.4％。**从电能占终端能源消费比重看，**日本、中国、北美、澳大利亚超过 20％，日本最高，中国位居第 2 位，为 28.2％。各国可再生能源发电量占比和电能占终端能源消费比重如图 3-7 所示。

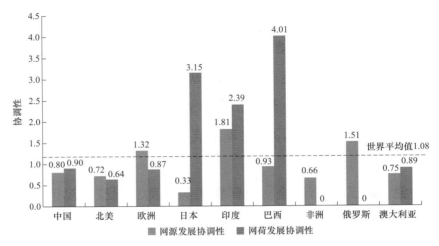

图 3-6 各国网源发展协调性及网荷发展协调性

注：0 为相关数据未获得。

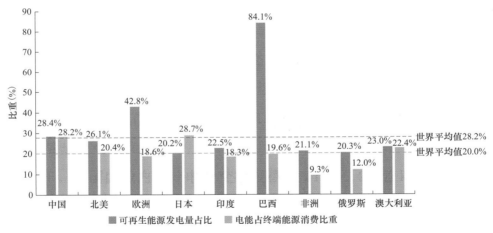

图 3-7 各国可再生能源发电量占比和电能占终端能源消费比重

3.2.5 服务能力

电网服务能力方面，中国处于较先进水平。从接受电力服务人数看，中国位于首位，其次为印度。从人均用电量看，澳大利亚、北美、日本、欧洲、俄罗斯、中国的人均用电量超过 5000kW·h，其中，北美最高超过 11 000kW·h，中国还有较大提升空间。各国接受电力服务人数及人均用电量如图 3-8 所示。从获得电力指数来看，俄罗斯、中国、日本均超过 90 分，中国在《2020 年营商环境报告》的"获得电力"指数全球排名中位列第 12 名，非洲最低，仅为 50.4 分。从平均工业电价来看，中国平均电价较低，欧洲、日本、澳大利亚等发达地区和国家电价普遍较高，北美、中国、非洲、俄罗斯平均工业电价低于 100 美元/（MW·h）。各国获得电力指数及平均工业电价如图 3-9 所示。

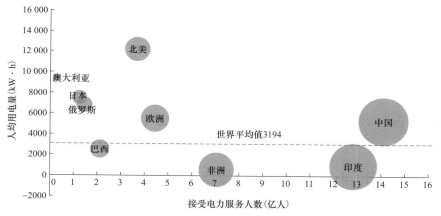

图 3-8 接受电力服务人数及人均用电量

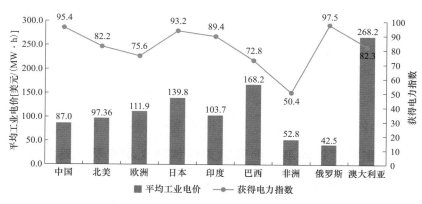

图 3-9 各国获得电力指数及平均工业电价

3.3 碳中和目标下电网发展对比分析

3.3.1 减排目标

《巴黎协议》"国家自主贡献"机制下，全球主要国家皆明确了减排承诺应对气候变化。2020 年以来，中国提出 2030 年前碳达峰、2060 年前碳中和的目标，国外部分国家提升减排力度，美国、日本宣布上调减排幅度，欧盟将减排纳入法律约束。部分国家减排承诺/目标见表 3-3。

美国：2021 年 4 月，美国总统拜登在领导人气候峰会上宣布扩大美国减排承诺，到 2030 年将美国的温室气体排放量较 2005 年减少 50%～52%，到 2050 年实现碳中和。奥巴马执政期承诺 2025 年将温室气体排放量较 2005 年水平减少 26%～28%，新减排承诺扩大近一倍。

欧盟：2021 年 6 月，欧盟通过《欧洲气候法案》，使减排承诺具有法律约束力，要求到 2030 年前将温室气体排放量在 1990 年的水平基础上减少 55%，到 2050 年前实现碳中和。7 月又公布了"Fit-for-55"一揽子立法措施。

日本：2021 年 4 月，日本首相宣布将日本 2030 年较 2013 年的碳减排幅度由原先的 26% 上调至 46%，扩大近一倍。

表 3-3 部分国家减排承诺/目标

国家	减排基准年	温室气体减排承诺/目标
美国	2005	2030 年减少排放量 50%～52%，2050 年碳中和
欧盟	1995	2030 年减少排放量 55%，2050 年碳中和
日本	2013	2030 年减少排放量 46%，2050 年碳中和
澳大利亚	2005	2030 年减少排放量 30%～35%
南非	—	2025 年排放量控制在 3.98 亿～5.1 亿 t，2030 年排放量控制在 3.98 亿～4.4 亿 t

3.3.2 发展路径

电力系统脱碳对实现碳中和具有重要作用，中国电力行业在积极行动助力双碳目标实现。本部分以美国、欧盟、日本为例，分析其电网在支撑碳中和实现下的低碳发展目标及发展路径，以期为中国电网发展提供借鉴参考。

（一）美国

美国提出到 2035 年电力行业实现无碳化的目标，将转型低碳电源结构，提高电网输送能力，推动储能发展。

电源结构方面，转型低碳电源结构。大力推动公共土地和近海可再生能源开发，美国能源部提出到 2035 年实现发电量中太阳能占比 40%、风能占比 36%、核能占比 11%～13%、水能占比 5%～6%、生物质/地热占比 1%。美国国家科学院提出，到 2030 年，现有 250 多座燃煤电厂需全部关闭，减少天然气机组运行，非化石燃料发电量占比需达到 75%，太阳能和风能需满足一半的电力需求。

电网发展方面，提高电网输送能力。美国将为公用事业和电网运营商设定能源效率和清洁电力标准，推动新一代输配电网建设，利用现有的新型输电技术对线路进行改造。美国国家科学院提出，到 2030 年电网输送能力需提高约 40%，预计投资需求 3560 亿美元，到 2050 年，随着电力需求的增长和地理偏远的可再生能源成为主要电源，美国高压输电系统输送能力需达到目前的 3 倍。目前，美国新建输电线路规划建设周期过长，需要提高流程效率。储能将成为电力系统重要组成部分，目前美国储能装机容量仅为 230 万 kW，预计到 2030 年需要 6000 万 kW 装机容量。

（二）欧盟

欧盟发布《2050 年欧洲气候中和战略及实现路径》，提出可再生能源发电装机占比 2030 年超过 32%，2050 年超过 80% 的愿景，且 2050 年电能占终端能源消费比例超过 50%。

电源发展方面，形成以可再生能源为主的电源结构。欧洲风能协会发布的《迎接 2030 年 55％减排目标，实现 2050 年净零排放》指出，风能在 2025 年后成为欧洲最大装机容量电源，2050 年占欧洲发电装机的 50％，可再生能源装机占比超过 80％。陆上风电装机由目前的 165GW 增长至 1000GW，海上风电由目前的 15GW 增长至 300GW。

电网发展方面，欧洲输电运行商发布《2020－2030 研究、开发和创新路线图》，提出构建以电网为骨干的清洁化、电气化和数字化的能源系统。包括三个重点方向：一是形成系统性集成系统，提升终端电气化程度，通过电气化实现多能源耦合，提升能源系统的能效、灵活性、可靠性和充裕性；二是发展电网成为能源系统的骨干，加强泛欧洲电网和电力市场建设；三是加强信息物理系统建设，促进大规模海上风电接入电网，建设离岸电网，提升交直流混合电网安全运行水平，提升控制中心的监测和控制水平。

（三）日本

日本第六版《基本能源计划》（草案）将 2030 年可再生能源发电量占比目标从 22％～24％提高至 36％～38％，电网五大重点发展方向为构建适应可再生能源为主的电网、高效活用现有系统应对阻塞、发展源荷互动技术、维持电能质量、提升偏远地区离网供电能力。

电源结构方面，形成以可再生能源为主的发电装机结构。2030 年可再生能源装机目标为：太阳能 10 000 万 kW，增长超过 55％，陆上风电 1590 万 kW，增长超过 70％，海上风电 370 万 kW，增长超过 360％，地热 150 万 kW，基本不变，水力发电 5060 万 kW，增长约 4％，生物质发电 800 万 kW，增长约 30％。2030 年发电量结构目标为：可再生能源占比 36％～38％，氢/氨占比 1％，核能占比 20％～22％，天然气占比 20％，煤炭占比 19％，石油等占比 2％。

电网发展方面，日本输配电网协会发布《面向 2050 碳中和下一代电网行动方案》。为实现 2050 年碳中和目标，2030 年可再生能源发电量占比将超过

30％，2050 年将超过 50％，与之对应非同步电源发电容量峰值占比 2030 年会超过 60％，2050 年会超过 90％，应对可再生能源大规模并网，提出电网五大重点发展方向。

一是构建适应可再生能源为主的电网。编制与国家能源政策相协调的电网总体规划，2027 年前完成北海道本州、东北东京和东京中部之间互联线路增强，2040 年前完成通过海底直流输电线路接入大规模海上风电。

二是高效利用现有系统应对阻塞。改进阻塞管理方式，建立实时发电控制机制，初期由输配电公司对电源发出控制指令，后期向市场主导转型。构建引导型发展模式，电力紧缺区域设立鼓励电源建设专区，电力富余区域鼓励电力需求发展。

三是发展源荷互动技术。提高可再生能源预测精度；推行基于互联网技术的可再生发电出力控制方式，引入发电商网络控制代理，提升发电设备的网络化管理水平；挖掘现有需求侧响应潜力，发展电动汽车、电解水制氢等新型需求侧响应资源；构建虚拟发电厂等分布式资源集中控制技术。

四是维持电能质量。研究可再生能源并网规则，要求异步发电机增加虚拟惯量和电压调整功能；推行下一代智能电表，提升配电系统管理水平；增加 STATCOM 等无功补偿装置；开展广域高精度仿真。

五是提升偏远地区离网供电能力。针对高可再生能源占比的离岛供电，加强虚拟发电厂、非同步电源为主电源的系统保护技术研发；推进制定区域供给制度，由一般输配电企业申请，经国家认定符合"有利于输配电业务高效运行"和"不存在阻碍该区域电力稳定供应的风险"等标准后，将该地区划分为指定区域，日常脱离主网运行。

4

电网技术发展

🛰 **章节要点**

2020 年以来，输变配用电技术在关键核心技术突破、电网潮流灵活控制等方面取得一系列成果，大数据、人工智能、区块链、5G 等先进信息通信、互联网技术的广泛应用，持续推动电网数字化、智能化水平提升。

特高压"卡脖子"技术持续突破，陆上和海上灵活输电技术深化应用，电力主控芯片国产化替代加快，有效提升了电网灵活潮流控制能力和国产化技术水平。 特高压技术方面，当前技术攻关主要集中于套管研发等核心技术，并加强了配套调相机等调节装置研究，有效支撑清洁能源远距离安全高效输送。灵活输电技术方面，分布式潮流技术和海底柔性直流联网技术逐步推广应用，解决网络阻塞和容量闲置不均衡问题，提升清洁能源输送能力。电力主控芯片实现较大突破，最大限度保障了电网关键核心元器件供应链安全、稳定。

配用电技术在支撑多能融合发展中持续深化应用，交直流配电技术发展标准化、规范化，微网、车桩网互动、智慧变电站和智慧能源站等技术进一步丰富多能综合利用的功能场景。 交直流配电系统规划、设计、运行等相关的技术规范和导则相继出台，为适应高密度分布式能源灵活接入电力系统提供标准化的接口平台。微网技术发展主要聚焦分布式能源集成与互补，实现内部供需平衡、信息共享、安全自治并且能够与大电网系统支撑互动的能源互联网概念节点。充电桩/站是电网与电动汽车以及交通网络的能量传递节点，站点建设与多站融合项目协同发展，同时车联网规模进一步扩大。智慧能源站技术以低碳、零碳为明确发展目标，通过构建综合能源管理平台，实现"源 - 网 - 荷 - 储"相关信息实时收集分析，快速形成协调优化控制方案，促进绿色低碳能源高效利用。智慧变电站方面，先进信息通信技术和基于传感器的信息技术实现变电站状态全感知和信息互联共享。

混合型飞轮储能、大容量压缩空气储能、重力势能等物理储能，锂电池、液流电池等电化学储能，以及氢储能技术深化应用，有效提升多时间尺度灵活

125

调节能力。物理储能方面，混合型飞轮储能技术可持续提供备用电力和辅助服务，大容量压缩空气储能和重力势能储能可满足系统安全运行长时储能需求。电化学储能方面，锂电池技术持续突破循环寿命和安全限制，全锂电、全移动、预装式锂电池储能电站示范应用，全钒液流电池储能系统可用于保障紧急服务和社区电力供应。氢储能技术加快拓展应用场景，氢电双向转换及储能一体化系统投运。

大数据、人工智能、区块链、5G 通信技术在数字能源、调度运行、检修运维、数据安全共享等方面融合应用，有力支撑电网业务向能源互联网业务的转型升级。大数据技术方面，基于大数据管理平台强大的数据整合功能，打通能源系统数据壁垒，多渠道、全方位汇聚并共享数据，科学提高能源互动效率。人工智能方面，在调度管理、机器人带电作业、智能巡检等业务领域深化应用，并在电网生产全流程环节探索性应用，将进一步增强电网运行与维护的自动性、智能性、安全可靠性。区块链技术方面，与 5G、大数据、人工智能等技术进一步融合应用于更多电网业务场景，区块链技术有力保障共享信息真实可信度以及安全性。5G 通信方面，低时延及高可靠性的信息传递能力继续在电网保护系统、配电网自动化等业务领域深度应用，并且通过跨行业的资源深度整合大幅降低 5G 信号覆盖成本。

4.1 输变电技术

特高压输电"卡脖子"技术不断取得突破，配套调相机技术推广应用，为确保特高压安全稳定运行提供有力支持。大容量多端柔性直流输电和基于分布式潮流控制技术的柔性交流输电技术，有效提升清洁能源输送电量。漂浮式海上风电抗台风技术示范应用，海上风电绿氢制取容量持续提升，同时电力主控芯片国产化替代加快。

4.1.1 特高压交直流输电技术

特高压交直流输电技术能够大幅提高远距离、大规模输电能力，当前技术攻关主要集中于套管研发等核心技术，并加强了配套调相机等调节装置研究，有效支撑清洁能源远距离安全高效输送。

（一）±800kV 特高压直流输电工程套管研制成功

2020 年 11 月，中国西电集团自主研制±800kV 阀侧套管和首支±800kV 穿墙套管获得成功，并应用于"青海－河南"±800kV 特高压直流输电工程，如图 4-1 所示。

图 4-1　±800kV 特高压直流输电工程套管

（二）能源互联网技术应用于±800kV青南换流站调相机

2020年9月，青豫±800kV特高压直流输电工程的配套工程——青南换流站调相机工程1号调相机成功并网，未来将与其余3台调相机一起，为世界首条清洁能源输送特高压直流工程的安全稳定运行提供可靠支撑，保障青海电网乃至西北地区电网安全稳定运行。该工程共安装4台300Mvar调相机，其单台具备－150～300Mvar的无功调节能力，每台调相机通过1台360MV·A变压器接入750kV交流系统，工程采用能源互联网最新技术，可实现设备监测数字化、机组运维自动化、调度控制远程化。

4.1.2 柔性直流输电技术

柔性直流输电技术作为新一代高压直流输电技术，在提高电力系统稳定性、增加系统动态无功储备、改善电能质量等方面有较强的技术优势，且环保性好、占地面积小，可广泛应用于可再生能源、分布式发电并网等领域。近年来已在厦门、舟山、张家口等地的多个工程中应用，2021年3月，浙江舟山五端柔直跨海输电工程实现满功率运行，进一步反映此技术日益成熟。

2020年12月，国家西电东送重点工程——乌东德电站送电广东、广西特高压多端柔性直流示范工程正式建成投产，如图4-2所示。该工程连通了装机规模世界第七的乌东德水电站和粤港澳大湾区，每年新增800万kW西电东

图4-2 乌东德电站送电广东广西特高压多端柔性直流示范工程柳北换流站

送通道能力，增送广东的清洁能源约 200 亿 kW·h。针对线路要穿越复杂地理和气候环境问题，采用架空线路直流故障自清除技术，当遭遇外界环境冲击突然短路时，能在 0.5s 内恢复正常运行。

4.1.3 灵活交流输电技术

基于灵活柔性直流输电技术（FACTS）的分布式潮流技术逐步推广应用，实时重新分配潮流，解决网络阻塞和容量闲置不均衡问题。

浙江湖州 220kV 祥福变电站分布式潮流控制器示范工程建成，如图 4-3 所示。该工程总容量为 58.32MV·A，可转移断面潮流 14 万 kW，是目前容量最大的分布式潮流控制器示范工程。分布式潮流控制器是一种基于大功率电力电子技术的新型柔性潮流控制装置，能双向动态调节电网潮流分布，快速缓解重载线路的过载压力，提升区域电网的整体承载力和安全性。在自然状态下，电网存在潮流分布和线路承载能力不匹配的情况，可能出现部分线路过载而其他线路轻载运行的问题。过载线路成了局部电网的"短板"，限制着整体供电能力。若按照传统解决方式，需要新建供电线路分流，不仅投资大、耗时长，还要占用土地资源。

图 4-3 浙江湖州 220kV 祥福变电站分布式潮流控制器（DPFC）示范工程

4.1.4　海上风电技术

随着海上风电技术的成熟，发电成本也将不断下降，海上风电机组呈现大型化的发展趋势。其中，浮式结构适用于深海区域，单风机漂浮平台是目前研究的重点。同时，欧洲各国加快推进海上风电制氢，并利用现有油气管道资源，促进氢能大规模存储运输及使用，推动能源绿色低碳转型。

（一）抗台风型漂浮式海上风电机组顺利安装

2021 年 7 月，由三峡新能源（集团）股份有限公司投资建设的漂浮式海上风电平台，搭载抗台风型漂浮式海上风电机组在广东阳江沙 800 万 kW 级海上风电场顺利安装，如图 4-4 所示。该机组轮毂中心高度距海平面约 107m，叶轮直径 158m，按五十年一遇的极端风浪流工况设计，漂浮平台排水量约 1.3 万 t，场址中心离岸距离 30km。计划于 2021 年底投产。

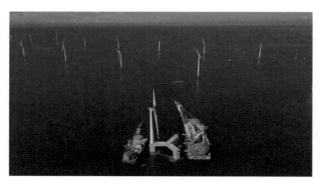

图 4-4　抗台风型漂浮式海上风电机组

（二）江苏如东装机 70 万 kW 的海上风电场全部建成

2021 年 6 月，江苏如东海上风电场项目全面建成，总装机容量达 70 万 kW。如东海上风电场全场投运后，150 台风力发电机组年上网电量可达 17.5 亿 kW·h，能够满足 100 万户居民一年的用电需求。在海上风电全生命周期智能化管理平台建设方面，如东项目投运的清洁能源智慧管理平台，综合运用 SCADA（风机监控数据）、CMS（风机在线振动监测）、气象、海缆、水文、

AIS 地图等全景数据，实现对各类应用的全面集成，为海上风电的深度感知、智能运维与科学决策提供支撑。

（三）丹麦 1.3GW 海上风电制氢项目

2020 年 9 月，丹麦沃旭能源（Ørsted）海上风电公司开发一个大型绿色氢气项目，为船舶、卡车、公共汽车和飞机提供燃料。该项目利用波罗的海博恩霍姆附近的 Røne Banke 的海上风力发电装机，在大哥本哈根地区生产制氢，在第一阶段包括一台 10MW 的电解槽用于生产绿氢，最快将于 2023 年投入运行。到 2027 年，风电制氢项目规模将扩大到 250MW，到 2030 年最终达到 1.3GW。

4.1.5 电网仿真与新材料技术

为促进长距离电能输送，如远距离岛屿电网互联，高压海底电缆技术广泛应用。主控芯片作为电网二次装备核心器件，涉及千万量级的电网关键装置，长期以来依赖国外技术和产品，目前在电网应用方面实现较大突破。

（一）连接英国和丹麦的海底电缆"维京连接"开工建设

2020 年 9 月，连接英国林肯郡比克芬变流站和丹麦日德兰半岛的海底电缆"维京连接"（Viking Link）工程开工建设，由英国国家电网和丹麦电力运营商 Energinet 组建的合资企业共同建设运营。该工程采用 ±525kV HVDC 传输，全长 767km，可实现 1.4GW 的电力交换。建成后，丹麦将通过该 HVDC 连线为英国提供绿色电力，促进英国早日实现净零排放，同时加强能源安全。

（二）电力专用主控芯片"伏羲"实现量产

2021 年 2 月，南方电网研制的基于国产指令架构、国产内核的电力专用主控芯片"伏羲"实现量产。"伏羲"芯片的主要优势首先是可控，从核心知识产权到芯片设计、流片、封装、测试全链条境内自主可控，最大限度保障了电网关键核心元器件供应链安全、稳定；其次是专用，从芯片架构、资源、算法等方面开展场景化定制设计，从元件级实现对电网数字化、网络化、电力电子化等发展需求的支撑。目前,"伏羲"芯片已应用于继电保护、变电站自动化、配网自动化、计量自动化、边缘计算、新能源等领域。

4.2 配用电技术

4.2.1 交直流混合配电网

交直流混合配电网是适应能源互联网技术发展需求,兼容交直流供电、交直流异质负荷,实现交直支撑的新颖配电网形态。随着新型电力系统建设目标的推进,高密度可再生能源接入以及配电网可靠性问题对交直流混合配电系统的规划、设计、运行等方面提出更高的技术要求,相关的技术导则、技术规范均需统一进行更新或修订。同时,在客户需求越来越多元化的情况下,能够兼容多电压等级的配电系统是未来的技术发展趋势。

(一)《交直流混合配电系统互联装置测试与运行技术导则》征求意见

2020 年 12 月,中国电力企业联合会研究制定了《交直流混合配电系统互联装置测试与运行技术导则》(征求意见稿)。该导则规定了交直流混合电网互联装置的检验测试试验项目、试验方法以及技术要求,为引导交直流混合配电网发展、规范交直流混合配电网建设、规范交直流互联配电网运行与控制技术提供了可行的指导。

(二)《中低压直流配电网规划设计技术规范》征求意见

2020 年 12 月,由中国电力企业联合会研究制定了《中低压直流配电网规划设计技术规范》(征求意见稿)。该规范规定了 $\pm 50 kV$ 及以下电压等级直流配电网规划设计的技术原则,明确直流配电网电源、储能、负荷预测、系统一二次设计原则和通用设计方案,为直流配电网规划设计提供理论和技术指导。

(三)多电压等级直流配电网示范工程的主要中心站送电投运

2021 年 6 月 29 日,国家重点研发计划"中低压直流配用电系统关键技术及应用"示范工程的"主心脏"——苏州庞东中心站送电投运。该工程具有直流 10kV、750V、375V 3 个电压等级，建成后将成为全国首个具有多电压等级的直流配电网，可满足用户高可靠供电、绿色用能和直流供电需求。直流配电网是未来能源互联网的重要支撑环节，而多电压等级的直流配电网络可满足不同客户需求，实现各类直流电源、负荷和储能的友好互联。直流配电网能使苏州电网更加"智慧"，实现光伏、电动汽车等直流电源、负荷的高效接入，有效减少光伏并网装置体积，提高家用电器能效。

4.2.2 分布式电源与微网

以风、光等可再生能源为主的分布式电源一般在负荷附近建设安装，通过分布式供应方式满足用户侧需求，并且需要配电网提供平衡调节。而微网则是实现数量庞大、形式多样的分布式电源接入并且可灵活高效应用的集成技术和物理单元。考虑分布式电源与微网的近用户侧布局建设原则，以政府规划为边界，促进风、光、储能等分布式电源灵活接入、多种能源综合利用是当下以及未来的技术发展重点。

（一）浙江宁波慈溪氢电耦合直流微网示范工程启动

2021 年 6 月 3 日，宁波慈溪氢电耦合直流微网示范工程正式启动，计划 2022 年 6 月投运。该示范工程将建成世界首个电 - 氢 - 热 - 车耦合的 ±10kV 直流互联系统，包含可再生能源发电总功率超过 3MW，制氢功率 400kW，电池储能总容量大于 3MW/3MW·h。该工程自主研发高效电解制氢系统、燃料电池热电联供系统、氢能与电池混合储能、多端口直流换流器等核心装备，将电、氢、热等能源网络中的生产、存储、消费等环节互联互通，实现绿电制氢、电热氢高效联供、车网灵活互动、离网长周期运行等多功能协同转化与调配。

（二）埃塞俄比亚光伏储能微网项目两座电站投运

2021 年 3 月，中国兵器工业集团北方公司北方国际埃塞俄比亚光伏微网 LOT - 1 项目 Behima 电站成功投运，至此该项目两座电站均正式通电，标志着埃塞俄比亚光伏微网LOT-1项目进入收尾阶段。埃塞俄比亚光伏微网LOT-1项目包括 Beltu 与 Behima 两个电站，总容量约为 0.95MW，其中 Beltu 电站已于 2021 年 2 月 6 日成功通电。该光伏微网项目由光伏发电系统、储能系统、消防系统、远程控制通信系统、应急发电系统及生活服务设施等组成。项目建成后，将切实解决当地居民用电问题，促进地区经济发展。

（三）石家庄北庄村零碳绿电智能微网项目建成

2021 年 6 月 26 日，石家庄供电公司北庄村零碳绿电智能微网项目建成。北庄村智能微网项目由 106 个总容量 835kW 的分布式光伏发电项目、3 个总容量 1200kW·h 的分布式储能装置、3 个智慧台区，以及全景智能系统等组成。北庄村零碳绿电智能微网项目通过能量存储与优化配置，具有运行状态监测、设备管理、能量潮流控制、微网离并网切换控制等功能，实现了微网主供、主网备用的电源结构，能够消纳全部新增光伏发电电量，实现清洁能源利用效率最大化。

4.2.3　电动汽车及车联网

电动汽车具备用电负荷和储能装置的双重特性，可作为灵活性调节资源，通过车联网参与电网负荷调度和能量供应，协助电网削峰填谷与消纳新能源。充电桩/站是电网与电动汽车以及交通网络的能量传递节点，在以电为核心的能源互联网建设目标驱动下，充电站点的建设与多站融合项目协同发展，同时车联网规模进一步扩大，在先进信息通信技术支撑下，电动汽车业务与电网甚至能源网业务深度融合。

（一）新一代智能换电站"七站融合"示范项目投运

2021 年 4 月 28 日，安徽首个、全国第四座蔚来新一代智能换电站在国内首座"七站融合"示范项目——合肥供电公司滨湖智慧能源服务站内正式投运。该站在安徽省内首个实现了同一站内服务出租车、私家车、公交车等常见新能源汽车业务全覆盖。站内设立的安徽首个"5G＋电动汽车有序充电"试点站，首期建设 12 台直流快速充电桩与 8 台交流充电桩，通过 5G 网络实现

"人-车-桩-网"的互联互动。

（二）全国最大规模工业园区车网互动 V2G 项目投运

2021 年 4 月 13 日，保定长城工业园区车网互动示范试点项目顺利启动并正式投运。在 V2G 模式下，电动汽车可以根据电网需求调整充电时间和充电功率，在车辆停驶的时候根据电网需求通过 V2G 终端放电。下一步将在容量备用、配网检修、需求响应业务模式验证方面推进 V2G 技术应用，服务可再生能源发展和能源清洁低碳转型，助力新能源为主的新型电力系统建设，研究、培育多赢格局的电动汽车充放电服务商业生态。

（三）绿色交通网络体系示范项目建成投运

2021 年 3 月 11 日，由中国电科院承担的全国首个绿色交通网络体系示范项目顺利通过验收。项目搭建了车-桩-网之间的信息互联互通渠道，深化车辆与充电设施间的业务关联，试点建立了能源网和交通网深入融合的绿色交通网络体系，实现电网、交通、车辆三者之间的协同互动，有利于促进相关产业链的持续化、精益化、绿色化发展。

4.2.4　智慧能源站

智慧能源站具有对局域多能互联系统的集中管理能力，实现电力能源的灵活调配与潮流优化，同时能够对大量数据进行分析管理。结合移动物联网和能源大数据等先进技术，智慧能源站是能源供应系统降低能耗、提高效益、智慧化运行的重要载体，也是有效提升能源管理水平和综合能效的重要保障。在发展新型电力系统的目标要求下，降低碳排放甚至零排放是能源站技术发展的明确要求。

（一）江苏电网"低碳临建"示范项目投运

2021 年 5 月 26 日上午，江苏电网首个"低碳临建"示范项目投运，采用太阳能、风能等可再生能源为虞城换流站临时建筑区供能，给工程建设全过程、全区域的低碳化甚至零碳化提供了思路。该示范项目在工程现场的办公、生活区安装了 270.25kW 的分布式光伏和光伏车棚、30kW/100kW·h 和 15kW/

30kW•h 分布式储能装置各 1 套、2 台新能源汽车充放电桩和 6 台风光互补型智慧路灯等，构建分布式发、储、用一体的低碳微电网，实现施工现场清洁能源的高效利用。

（二）江苏首批"零碳、零能耗、不占地"综合能源示范站落地

2021 年 1 月以来，国网江苏电力公司依托新建的 4 座 110kV 变电站陆续在苏州香山、无锡祝塘、镇江滨河、南京桂山建立 4 个"零碳、零能耗"和"最小占地"综合能源示范站。4 个项目充分利用站内空余建设用地，拓展变电站基础平台作用，集储能站、充电站、5G 基站、屋顶光伏电站于一体，具备光伏发电、储能、新能源车充换电、5G 数据中心共享共建等综合能源功能，实现业务协调共济、互惠互补，降低了用能成本，提高了电网综合效益。

4.2.5 智慧变电站

智慧变电站是将大数据、云计算、人工智能等现代信息技术集成应用于发电侧、电网侧、营配终端、储能等环节，通过先进传感技术，实现各环节物物互联的智慧服务，是进一步完善电力物联网建设的具体实践。

（一）国内首座可精准送风变电站在杭州开建

2021 年初，国内首座可精准送风变电站——220kV 沙南输变电站开建，工程总投资 4.77 亿元，占地面积 13.89 亩（1 亩＝666.6m²），新增变电容量 48 万 kV•A、220kV 线路 13.6km。该变电站首次实现国内变电站精准送风，为变电站综合能耗下降 15％，年均降低碳排放 225kg。建设完成后，将优化完善下沙地区网架结构，满足轻量化、标准化、城市共生、低碳节能等需求，主供信息技术为主导的"大创小镇"和生物医药技术为主的"医药港小镇"，同时为亚运轮滑馆等重要场所提供电力保障。

（二）变压器油阀内置式智能传感装置落地宁夏固原

2021 年 4 月 28 日，宁夏固原瓦亭 110kV 变电站随着 1 号主变压器交流感应耐压及局部放电试验数据的顺利采集，标志着世界首个变压器油阀内置式超

声波、特高频一体化智能传感装置安装成功。该项目利用配套研制的超声波、特高频监测系统对变压器内部局部放电信号进行实时监测、分析处理和综合判断，并对变压器绝缘状态进行评估，进而避免由于主变压器绝缘缺陷故障导致的重大电网事故发生，实现了对该变压器健康状况的实时管控。

（三）基于新一代设备监控系统和数字孪生技术的变电集控站在雄安建成

2021年4月22日，国内首个基于新一代设备监控系统和数字孪生技术的变电集控站——容东集控站在雄安新区建成。容东集控站在应用新一代设备监控系统和数字孪生技术的基础上，应用"北斗＋5G＋无人机机巢"技术，实现无人机对变电站周边外力破坏、汛情等厘米级定位巡查，并依托5G网络实时回传图像，打造智能化运管新模式。同时，容东集控站打造了国网河北电力首个内外网贯通移动作业App，以变电全流程移动作业平台为依托，实现PMS系统数据贯通，为数字化班组应用建设提供支撑。

（四）220kV全感知变电站在南京建成投运

2021年2月3日，220kV东大变电站在南京顺利投运。该站运用能源互联技术，内置主变压器、GIS等变电设备智能传感装置共计42类，共1093个感知元件，实现了设备运行状态的深度感知。该站首次实现了在百兆瓦级变电站中应用设备健康状态分析、预防性维护、故障主动预警等智能辅助功能。220kV东大变电站投运后，站内智能设备在线率将达100％，将助力提升区域综合能效约10％，大大增强电网设备感知能力和供电可靠性，为区域高质量发展提供坚强能源保障。

（五）"八站合一"智慧能源综合示范区在滨州建成投运

2021年3月，全国首个"八站合一"智慧能源综合示范区在滨州建成投运。该项目以220kV滨州郭集变电站为试点，在郭集综合区建设光伏站、储能站、数据中心站、电动车充电站、电动车放电站、5G基站、北斗地面增强站，与220kV郭集变电站有机融合，实现"八站合一"，率先建成国内首家含光伏发电、储能、能量管理、汽车充放电、配电等多维融合"智慧微电网"。

4.3 储能技术

物理储能方面，混合型飞轮储能技术可持续提供备用电力和辅助服务，大容量压缩空气储能和重力势能储能可满足系统安全运行长时储能需求。电化学储能方面，锂电池技术持续突破循环寿命和安全限制，液流电池具备较长储能可有效提升新能源利用率，氢储能技术加快拓展应用场景，推动氢能产业链一体联动发展。

4.3.1 物理储能

（一）飞轮储能

飞轮储能具有使用寿命长、储能密度高、不受充放电次数限制、安装维护方便等优点，可与光伏发电系统、其他形式储能结合，最大化调节作用。

2021 年 6 月，法国 Energiestro 公司研发出混凝土飞轮储能系统，如图 4-5

图 4-5 混凝土飞轮储能系统

所示。该系统包括一个围绕转轴旋转的中空混凝土圆柱体,其与电机的转子连接,同时,系统与住宅光伏系统连接作消纳存储。当需要存储电能时,电机作为电动机驱动飞轮加速,电能转化为动能存储,而当需要发电时,电机作为发电机转化动能释放电能。

2020年9月,瑞士储能厂商 Leclanché 公司和飞轮技术开发商 S4 Energy 公司研发的飞轮和电池技术结合的混合储能系统在荷兰投入运行。该混合储能系统将一个 8.8MW/7.12MW·h 锂离子电池储能系统与六个飞轮储能系统组合在一起,可提供功率达 3MW,为荷兰电网运营商 TenneT 公司运营的电网提供频率稳定电力服务。其中,飞轮组件可以持续提供备用电源,而电池储能系统只在频率变化时间较长时加入,从而保护其电池免于退化,并确保更长的电池寿命。

(二)压缩空气储能

压缩空气储能在电网负荷低谷期将电能用于压缩空气,在电网负荷高峰期释放压缩空气推动汽轮机发电的储能方式,具有规模大、单位成本低、寿命长、安全环保等诸多优点。

2020年11月,英国储能厂商 Highview Power 公司与公用事业厂商 Carlton Power 公司在曼彻斯特郡开始部署 50MW/250MW·h 液态空气储能设施,称为 CRYOBattery™ 储能系统。该系统可为当地电网提供清洁可靠且经济高效的长时储能,用于消纳可再生能源,稳定区域电网,以确保在停电和其他电力中断期间的能源安全。通过采用低温储能技术,将周围空气冷却并在 −196℃ 时变成液体,液态空气在低压下进行存储,随后被加热和膨胀以驱动涡轮并发电,具有长时储能优势,可以提供数吉瓦时的储能容量。

2020年8月,中国能建规划设计集团江苏院设计的盐穴压缩空气储能发电系统国家示范项目在常州金坛开工。该项目采用非补燃压缩空气储能发电技术,建设 1 套 60MW×5h 非补燃式压缩空气储能发电系统,发电年利用小时数约 1660h,效率为 60% 以上,且发电全过程无燃料消耗。系统吸纳电网低谷时的"弃能",借助盐穴,使之转化为空气分子内势能并加以储存。在高峰用电时,将压缩空气加以释放而做功发电,从而大幅改善发电、用电的时空结构,有力支撑电网调峰需求,缓解峰谷差造成的电力紧张局面。

2021 年 5 月,加拿大创业公司 Hydrostor 在美国加州推出超大压缩空气储能系统（CAES）项目,两座电厂可以存储超过 10GW•h 电量。压缩储能系统运用水库或水体的水压加强压缩空气的效果,当储电厂充电将空气打入地下时,压缩空气会将地下的水输送到地面,放电时水会往下流释放压缩空气,并用先前存储加热空气提高效率,进而推动涡轮机发电。该系统一次放电可提供能量 8～12h,使用寿命长达 50 年。

（三）重力储能

重力储能原理类似抽水蓄能,以重力造成的势能来储存能源,具有原理简单,同时由于采用物理介质储存能量,所以其储能效率高达 90%,使用寿命在30 年以上,但能量密度较低。当电力有多余的时候,驱动马达将重物吊至高处,需要电力的时候,再利用重物下降的力量来驱动发电机发电,可作为长时储能。

2021 年 7 月,意大利 Enel Green Power 和瑞士储能公司 Energy Vault 最近签署一份合作协议,旨在将退役的风力涡轮机叶片整合到 Energy Vault 的重力储能技术中,如图 4-6 所示。在风力发电场的部件中,因风机叶片由玻

图 4-6　风电重力储能技术

璃纤维或碳纤维增强的复合材料制成,回收难度很高。该项合作将复合材料集成到 Energy Vault 用于重力存储的块体中,使用这些大块的固体材料,抬升起来储存多余的电力,当需要电力时降低其高度以获取存储的势能。

2020 年 5 月,苏格兰公司 Gravitricity 在爱丁堡利斯港建设一座 250kW 重力储能电站,利用重物位能带动发电机来发电,进一步存储当地多余的再生能源电力。重力媒介是 500～5000t 的重物,主要是利用废弃钻井平台与矿井,在 150～1500m 长的钻井中重复吊起与放下 16m 长的钻机,通过电动绞盘,先将钻机拉到废弃矿井上方,需要用电时再让钻机直直落下,进而释放存储起来的电力,同时可以控制落下速度延长电力释放时间。

4.3.2 电化学储能和氢储能

电化学储能技术水平不断提高、市场模式日渐成熟、应用规模快速扩大,对于响应快速及时长、安全性、经济性等要求更高。目前,技术成熟度较高的锂离子电池、全钒液流电池等电化学储能技术都基本实现市场运营,氢储能等季节性储能技术加快应用。

(一)锂电池储能

2021 年 6 月,宁德时代新型锂电池储能项目攻克 12 000 次超长循环寿命、高安全性储能专用电池核心技术。该电池的服役预期寿命还将大于 15 年,成本低于 1500 元/(kW•h),具有低成本、高安全、高转化率和超长寿命特征。

2021 年 4 月,杭州全锂电、全移动、预装式储能电站示范项目送电成功。该项目采用移动式预装设计,可有效提升区域供电可靠性,由 4 辆移动储能车、10 个移动储能舱、10 个配套变压器舱和 3 个高压舱构成。静置状态时,支撑 220kV 变电站削峰填谷,缓解峰谷差,降低电网损耗;移动模式下,为应急抢修和配网作业提供后备电源或应急电源。

（二）液流电池

液流电池等长时间储能技术对于稳定电网和建立可靠的、有弹性的能源系统变得越来越重要。

2020 年 12 月，国家电投铁铬液流电池储能示范项目在张家口正式投入试运行。该项目由 8 台 31.25kW 电池堆模块组成，具备 6h 储能时长，可有效提高光伏电站能源利用效率。所采用的铁 - 铬液流电池储能技术在长时间能量存储场景中具备一定优势，能够适应高温与严寒天气带来的不良影响。

2020 年 12 月，美国南加州 Soboba 消防局部署一套全钒液流电池储能系统，用于保障紧急服务和当地社区电力供应。全钒液流储能电池是一种重型、非降解、固定式的储能，部署在具有高利用率需求的一些工业应用中，如电网平衡、可再生能源消纳和电动车充电集成等方面。随着加州风电和光伏渗透率的不断提升，全钒液流储能电池能够提供电力储存 8～10h，保障电力系统安全稳定运行。

（三）氢储能

氢储能能量密度高、运行维护成本低、可长时间存储且可实现过程无污染，且适用于极短或极长时间供电的能量储备技术方式。

2021 年 6 月，浙江湖州氢电双向转换及储能一体化系统投运。氢电双向转换设备集成与控制技术是浙江湖州综合能源站建设的核心，通过光伏发电提供电动汽车充电服务，同时运用储能和氢电双向转换，实现光伏余电的错峰转移和充分利用，拓展氢能发电供应和氢能直接供给。该综合能源站每年可提供 9 万 kW•h 清洁电力，减少二氧化碳排放 8.6t，同时全年可产出 8500m³ 的氢气，可支持氢能源汽车持续零碳行驶 80 000km。

2021 年 2 月，宁夏 10×1000m³/h 可再生能源制氢储能项目投产。该项目采用单台产能 1000m³/h 的高效碱性电解槽，年产氢气 1.6 亿 m³，副产氧气 0.8 亿 m³，每年可减少煤炭消耗 25.4 万 t、减少二氧化碳排放 44.5 万 t。

所产氢气一方面将与煤化工装置有机结合，实现甲醇生产过程的降本增效和节能减排；另一方面，进行制氢储能、氢气储运、加氢站建设，通过与城市氢能源示范公交线路协作等方式拓展应用场景，实现氢能产业链一体联动发展。

4.4 电网数字化技术

以大数据、人工智能、区块链、5G 通信和边缘计算等为代表的技术加速推广应用，有力推动了电网的数字化和智慧化转型，逐渐打破行业壁垒，形成以电力物联网为基础的多行业融合发展态势，为提升电网安全经济运行水平、促进能源消费低碳绿色发展、满足客户多样化需求、带动多个产业升级发展提供了支撑。

4.4.1 大数据

能源互联网将覆盖能源供给、传输、分配、消费的方方面面，影响运行效率的数据包括天气、能源需求、用户行为、社会事件等，数据来源非常广泛，数据规模也异常庞大。大数据能够利用其大规模存储、数据分析以及可视化展示等相关技术从海量数据中获取有价值的信息，更好地支撑能源互联网的建设。在"碳达峰、碳中和"目标驱动下，围绕"碳"数据的收集分析将是大数据技术的重点应用场景。

（一）"低碳数字能源互联平台"在江苏常州溧阳上线

2021 年 6 月 24 日，全国首个"低碳数字能源互联平台"在江苏常州溧阳正式上线，如图 4-7 所示。该平台已初步接入分布式光伏 55 100kV·A、充电站 1260kV·A、储能 3200kV·A、可调负荷 71.9MV·A，能够实时监测电能生产的碳排放情况，调动电网中的新能源发电站、充电站、储能设备、可调负荷等资源，实现分布式新能源、储能、可调负荷与电网的高效互动、融合，促进绿色能源优先消纳，实现节能降碳。

图 4-7 江苏常州溧阳低碳数字能源互联平台

（二）基于电力大数据的电碳生态地图在厦门落地

2021 年 6 月 3 日，国网福建电力、国网厦门供电公司联合国网英大碳资产管理公司以电力大数据融合链接煤、油、气、热等其他各类能源消费数据，充分发挥电力大数据实时性、精准性和普遍覆盖的优势，建立专业模型绘制电碳生态地图，打通"电-碳-能"数据链条，客观、直观、精准进行碳核算评价，实现从电量看碳排放的全景、动态展现，高效服务政府决策施策和社会用能转型。

4.4.2 人工智能

人工智能技术是指通过计算机的超强运算能力模仿人工的方法和技术并实现延伸和拓展。目前应用于电力系统运行中的负荷/电价/发电预测、故障识别、安全稳定判断、智能运维、调度控制和需求响应潜力分析等方面。

（一）人工智能技术成功应用于 110kV 变电设备等电位带电作业机器人

2021 年 1 月，国网湖北电科院研制出国内首台人工智能型 110kV 变电设备等电位带电作业机器人，代替高压变电站内危险的人工带电检修作业。该套系统的研制中，通过采用不同材质屏蔽层组合包裹的措施破解屏蔽难题，同时采用视觉定位技术实现距离、角度、进入深度等精确识别。目前该项技术已在黄石等地的变电站进行了实际操作，避免检修人员涉险。

（二）基于人工智能的电网调度人机语音交互平台在莱芜上线

2021 年 3 月，莱芜供电公司调控中心上线电网调度人机语音交互平台。该平台基于山东电网调度管理应用系统（OMS 系统）、能量管理系统（EMS 系统）、山东省电力公司人工智能中台，通过完成语音识别、声纹识别、语音合成等服务，实现调度业务语音一键智能输入，提高调度人员的调度业务处置速度和工作效率。

（三）合肥供电公司推进人工智能技术的全环节应用

2020 年 6 月起，合肥供电公司先后建设完成合肥市变电运行大数据融通平台、"智能运检"平台等人工智能系统。220kV 锦绣变电站内部署 504 个物联网传感装置、6 类在线监测和巡检机器人、红外测温等装置，布置巡视点位 8236 个，实现了 99.5% 的例行巡视覆盖，未来将实现自动全面监视、远程在线立体巡检、故障诊断联动分析等，不断提升城市供电可靠性。

4.4.3 区块链

区块链技术具有不可篡改、可追溯和可编程等技术特征，在国内外能源领域中用于解决可再生能源消纳、电力分布式交易、多利益主体间缺乏信任等问题。此外，基于区块链技术的交易可实现资金流的零延时转移，保证交易的高效执行。目前，区块链在电网企业主要应用于交易、存证与授权管理等三类场景。

（一）基于区块链分布式账簿技术的高频分布式能源交易平台在荷兰启动

2020 年 8 月，荷兰鹿特丹港口启动了以区块链分布式账簿技术和人工智能

145

为支撑、基于太阳能和电池储能的 Distro 电力交易平台。该平台可以即时响应电力供需变化和当地实时能源价格，进而优化供电侧资源配置，以保证高度精准地满足消费者需求，减少供需两端不必要的消费。

（二）《基于区块链的碳交易应用标准》国际标准获批立项

2021 年 5 月，国家电网有限公司主导申报的"区块链＋碳交易"国际标准——P3218（Standard for Using Blockchain for Carbon Trading Applications）《基于区块链的碳交易应用标准》成为全球首个碳交易领域的区块链国际标准。该标准总结提出区块链在碳交易领域的技术应用要求和规范，将帮助中国碳交易实现全生命周期溯源管理，解决碳交易多主体身份认证效率低、数据确权难等问题，为中国构建以新能源为主体的新型电力系统提供核心技术指引和支撑。

4.4.4 边缘计算

边缘计算是指一种在网络边缘进行计算的新型计算模式，主要特征是在物理距离上接近信息生成源，具有低延迟、能量高效、隐私保护、带宽占用减少等优点。

（一）边缘计算技术创新性用于现场作业的智能全景管控架构

2021 年 5 月，国网北京电力有限公司开发了边缘计算装置样机。该装置可接入多种智能传感终端数据，具备研判威胁的能力。借助边缘计算装置，形成贯穿井下、井上与远端平台的风险监控预警链条，解决作业人员在有限空间作业现场井下通信信号不畅的问题，提升有限空间作业现场管控效能。

（二）移动边缘计算设备在新疆乌鲁木齐供电公司投运

2020 年 12 月 10 日，5G 与边缘技术结合的计算设备在新疆乌鲁木齐供电公司通信机房内成功投运。该移动边缘计算实现了基于 5G 的本地数据处理和逻辑运算，让海量通信数据直接进入本地信息处理中心，不仅减轻了运营商核心节点的数据压力，而且确保了用户信息的安全。

4.4.5 5G 通信

5G 通信技术能够通过高速率的信息采集与传递，支撑海量电力系统运行数据的及时采集、传递、分析以及决策指令的快速传达，促进电网智能化水平的提升。在电网领域中，5G 技术可以在新能源消纳、电网安全生产运行、输变电提质增效、用户侧负荷柔性控制和精细化经营管理等 5 个方面发挥作用，实现全环节设备及人员的泛在接入、全程在线，全面感知电网信息和设备状态，实现能源生产和消费的信息互通共享。5G 在电网中的主要应用场景包括：新能源及储能并网、输变电运行监视、配电网调控保护、用户负荷感知与调控、协同调度及稳定控制、规划投资和综合治理。

（一）基于 5G 授时的配网差动保护在深圳试运行

2020 年 8 月 17 日，深圳供电公司完成基于 5G 授时的配网多端级联拓扑差动保护的现场运行。试点运行的配网差动保护数据采用了基于 ISO 标准三层协议的传输方案，5G 网络对配网差动保护装置进行时钟同步，授时精度小于 1μs，差动保护通道平均传输延时小于 10ms，相关指标满足差动保护应用要求，将使停电区域面积更小、居民停电时间更短，显著提升配电线路供电可靠性。

（二）承载 5G 电力专用核心网的计量自动化终端在深圳投运

2021 年 6 月，全国首个承载 5G 电力专用核心网的Ⅰ型集中器在深圳投运。基于 5G 的Ⅰ型集中器搭载业内领先的 5G 通信模组，即 5G 基带芯片、射频、存储、电源管理等硬件整体封装，具备 5G 电力专用核心网的传输能力，可与计量自动化终端的主站保持双向通信，满足未来计量业务对大容量、低延迟、高可靠性的要求，助力实现大规模、多样化的数据采集和用电负荷特征感知等应用。

（三）5G 传输资源深度共享模式验证在青岛完成

2021 年 8 月，青岛公司完成国内首个变电站 5G 低成本覆盖模式的探索。该项目通过电网 SPN 与移动 SPN 端到端切片对接，验证了依托 SPN 切片网络＋5G 基站实现变电站的快速、低成本的 5G 信号覆盖的技术可行性。该方案依托了电网通信资源，快速、低成本地完成变电站及周边区域 5G 信号覆盖，实现双方资源深度共享，大幅降低 5G 信号覆盖成本。

5

电网安全与可靠性

章节要点

2020 年，除灾害影响外，各国供电可靠性普遍提升或稳定在较高水平。 2020 年，美国电网户均停电频率 1.37 次/户，户均停电时间 455min/户，明显升高，极端天气和自然灾害是主要原因。2020 年，英国电网户均停电时间为 33.11min/户，为近五年最低。2019 财年，日本户均停电频率 0.23 次/户，户均停电时间 85min/户，低于 2018 年值。2019 年，德国户均停电时间为 12.2min/户，较上年微降。

2020 年，中国供电可靠性进一步提升。 平均供电可靠率 99.865%，同比上升 0.022 个百分点；用户平均停电时间 11.87h/户，同比减少 1.85h/户；用户平均停电频率 2.69 次/户，同比减少 0.30 次/户。其中，全国城市、农村地区平均供电可靠率分别为 99.945% 和 99.835%，相差 0.11 个百分点，差距比上年进一步缩小。

2020 年以来，美洲和亚洲等地区发生 5 次大面积停电事故，极端天气发生频次越来越高，已成为影响电力系统安全稳定运行的重要因素。 受自然灾害、体制分散、设备老化等因素影响，美国连续 3 年发生大停电事故。面对极端天气多发威胁，电源侧、电网侧和用户侧都存在薄弱环节。电源侧，火电厂燃料供应受极端天气影响较大，发电设备抗灾能力有待提升，新能源涉网性能偏低；电网侧，部分地区电网网架仍然薄弱，地下/半地下变电站、电缆混敷等多种挑战风险始终存在；用户侧，应急电源配置亟待加强，安全管控工作存在短板。

5.1 国内外电网可靠性

5.1.1 国外电网可靠性情况

（一）美国电网

2020年美国电网户均停电频率1.37次/户，户均停电时间455min/户。自2014年以来，2020年和2017年的户均停电时间明显偏高，均超过400min/户，极端天气和自然灾害是主要原因，户均停电频率变化较小，稳定在1.3～1.4次/户。2014—2020年美国户均停电频率、户均停电时间如图5-1所示。

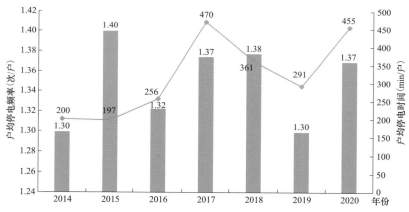

图5-1 2014—2020年美国户均停电频率、户均停电时间

数据来源：美国能源信息部（EIA），Annual Electric Power Industry Report。

（二）英国电网

2020年，英国电网户均停电时间为33.11min/户，为近五年最低。从2015年至2020年的数据看，2015年户均停电时间最长，为39.16min/户，2016年降至34.43min/户后保持小幅波动，近五年先增后降，2020年下降至33.11min/户，如图5-2所示。

英国不同配电网运营商的供电可靠性差别较大。2020年，苏格兰水电配电公司的户均停电时间最长，为55.59min/户；伦敦电力网络公司最短，为14.39min/户。2020年，英国不同配电公司的户均停电时间如图5-3所示。

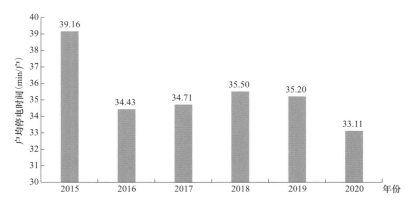

图 5-2　2015—2020 年英国户均停电时间

数据来源：英国天然气电力市场办公室（Ofgem），RIIO 配电年报。

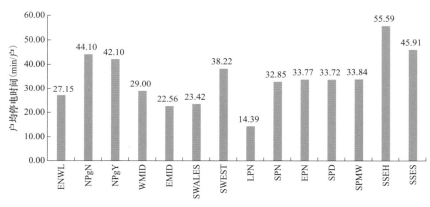

图 5-3　2020 年英国各公司户均停电时间❶

————————

❶　ENWL（Electricity North West Limited）—西北电力有限公司；

NPgN［Northern Powergrid（Northeast）Limited］—北方电网（东北）有限公司；

NPgY［Northern Powergrid（Yorkshire）plc］—北方电网（约克夏）有限公司；

WMID［Western Power Distribution（West Midlands）plc］—西部配电（西米德兰）有限公司；

EMID［Western Power Distribution（East Midlands）plc］—西部配电（东米德兰）有限公司；

SWALES［Western Power Distribution（South Wales）plc］—西部配电（南威尔士）有限公司；

SWEST［Western Power Distribution（South West）］—西部配电（西南）公司；

LPN（London Power Networks plc）—伦敦电力网络公司；

SPN（South Eastern Power Networks plc）—东南电力公司；

EPN（Eastern Power Networks plc）—东方电力有限公司；

SPD（SP Distribution plc）—SP 配电公司；

SPMW（SP Manweb plc）—SP 马其赛特郡和北威尔士电力公司；

SSEH（Scottish Hydro Electric Power Distribution plc）—苏格兰水电配电公司；

SSES（Southern Electric Power Distribution plc）—南方电力配电公司。

（三）日本电网

2019 财年，日本户均停电频率 0.23 次/户，户均停电时间 85min/户，低于 2018 财年值，但仍高于 2011 财年至 2017 财年水平。2000—2019 财年日本户均停电频率、户均停电时间如图 5-4 所示。

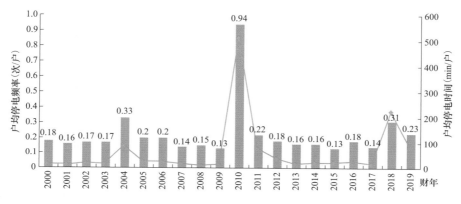

图 5-4　2000—2019 财年日本户均停电频率、户均停电时间

数据来源：日本电气事业联合会（FEPC），Infobase 2020。

2019 财年，不同事故原因导致的停电共 14 494 次，同比下降 42%，风灾、水灾发生次数降低。各类事故停电次数如图 5-5 所示。主要原因仍为风灾、水灾、外物接触（如树木、动物、风筝等）和设备不良或维护不善（如制造、施工缺陷等），共导致发生停电 10 554 次，占总停电次数的 72.8%。

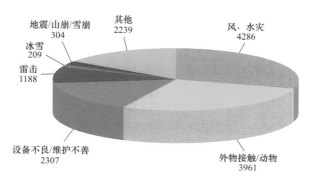

图 5-5　2019 财年日本不同事故原因导致的停电次数

（四）德国电网

2019 年，德国户均停电时间为 12.2min/户，较上年微降。2009 年以来，户均停电时间一直保持在 16min/户以下，2017—2019 年持续下降，近五年平均为 13.35min/户。2006—2019 年德国户均停电时间如图 5-6 所示。

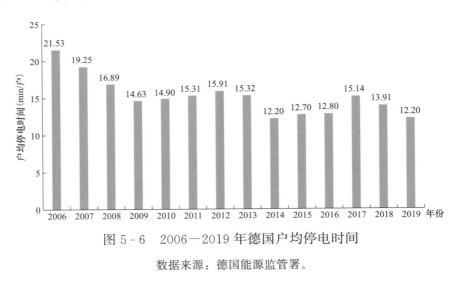

图 5-6　2006—2019 年德国户均停电时间

数据来源：德国能源监管署。

5.1.2　中国电网可靠性情况

（一）全国供电可靠性

2020 年，全国平均供电可靠率 99.865%，同比上升 0.022 个百分点；用户平均停电时间 11.87h/户，同比减少 1.85h/户；用户平均停电频率 2.69 次/户，同比减少 0.30 次/户。其中，全国城市地区平均供电可靠率 99.945%，农村地区平均供电可靠率 99.835%，城市、农村地区平均供电可靠率相差 0.11 个百分点；全国城市地区用户平均停电时间 4.82h/户，农村地区用户平均停电时间 14.51h/户，城市、农村地区用户平均停电时间相差 9.69h/户，同比收窄 2.84h/户；全国城市地区用户平均停电频率 1.17 次/户，农村地区用户平均停电频率 3.25 次/户，城市、农村地区用户平均停电频率相差 2.08 次/户，同比收窄 0.51 次/户。2019 年、2020 年用户平均停电时间、平均停电频率同比变化如图 5-7 和图 5-8 所示。

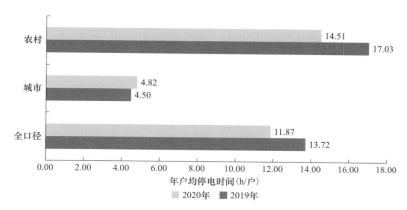

图 5-7　2019 年、2020 年用户平均停电时间同比变化

数据来源：2020 年全国电力可靠性年度报告。

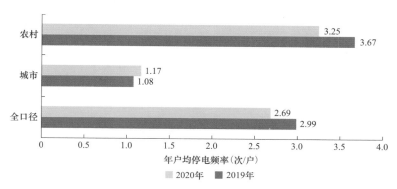

图 5-8　2019 年、2020 年用户平均停电频率同比变化

2015—2020 年，全国城市地区用户的平均供电可靠率保持在 99.941%～99.945%，用户平均停电时间保持在 4.08～4.82h/户，用户平均停电频率保持在 1.03～1.17 次/户。农村地区用户的平均供电可靠率保持在 99.758%～99.835%，用户平均停电时间保持在 12.74～14.51h/户，用户平均停电频率保持在 3.00～3.25 次/户。2015—2020 年全国供电系统平均供电可靠率变化、平均停电时间变化、平均停电频率变化如图 5-9～图 5-11 所示。

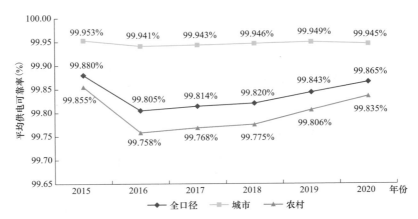

图 5-9　2015—2020 年全国供电系统平均供电可靠率变化

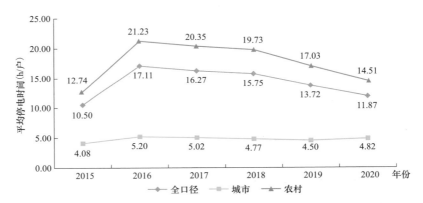

图 5-10　2015—2020 年全国供电系统平均停电时间变化

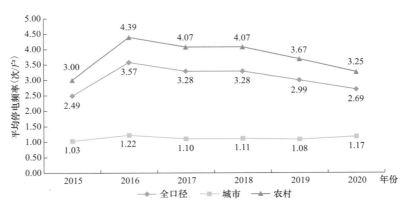

图 5-11　2015—2020 年全国供电系统平均停电频率变化

（二）区域供电可靠性

2020 年，全国六个区域中❶，华东区域供电可靠性平均水平领先其他区域，西北区域供电可靠性平均水平明显低于其他区域。

华东、华北的全口径、城市地区和农村地区用户平均停电时间均低于全国平均值（全国各口径平均值分别为 11.87h/户、4.82h/户和 14.51h/户）。华东区域内城市与农村地区用户平均停电时间相差最小，差值 3.59h/户；西北区域内城市与农村地区用户平均停电时间相差最大，差值 14.84h/户。2020 年各区域全口径、城市地区和农村地区用户平均停电时间如图 5-12 所示。

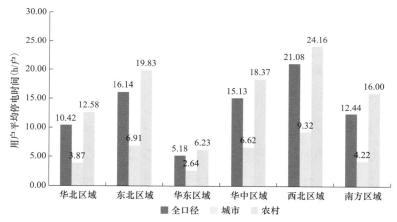

图 5-12　2020 年各区域全口径、城市地区和农村地区用户平均停电时间

华东、华北的全口径、城市地区和农村地区用户平均停电频率均低于全国平均值（全国各口径平均值分别为 2.69 次/户、1.17 次/户和 3.25 次/户）。华东区域内城市与农村地区用户平均停电频率相差最小，差值 1.09 次/户；南方区域内城市与农村地区用户平均停电频率相差最大，差值 3.07 次/户。2020 年各区域全口径、城市地区和农村地区用户平均停电频率如图 5-13 所示。

---

❶　华北区域包括北京、天津、河北、山西、山东、内蒙古；东北区域包括黑龙江、吉林、辽宁；华东区域包括江苏、浙江、上海、安徽、福建；华中区域包括河南、湖北、湖南、江西、四川、重庆、西藏；西北区域包括陕西、甘肃、宁夏、青海、新疆；南方区域包括广东、广西、云南、贵州、海南。

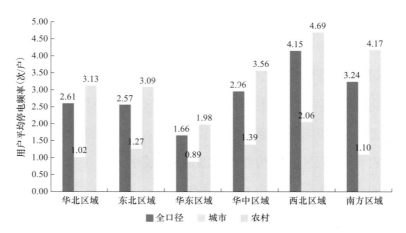

图 5-13　2020 年各区域全口径、城市地区和农村地区用户平均停电频率

（三）省级供电可靠性

全国 31 个省级行政区（未含香港特别行政区、澳门特别行政区和台湾地区）中，上海市的用户平均停电时间最少，为 0.7h/户，除西藏外，新疆的用户平均停电时间最多，为 30.5h/户，最少和最多的用户平均停电时间差值 29.8h/户（不包括西藏）；用户平均停电时间少于 10h/户的 8 个省级行政区，分别为上海、北京、天津、江苏、浙江、广东、山东和福建，用户平均停电时间高于 20h/户的省级行政区有吉林、广西、新疆和西藏。

31 个省级行政区中，仅吉林、四川和湖南的供电可靠率同比有所降低，用户平均停电时间分别同比增加 29.95％、1.66％ 和 0.48％。13 个省级行政区的供电可靠率同比显著提升，用户平均停电时间同比减少 20％ 以上，其中，天津、北京的用户平均停电时间同比分别减少 70.82％、52.11％。2020 年各省级行政区的用户平均停电时间与增速如图 5-14 所示。

（四）重点城市供电可靠性

全国 50 个主要城市（4 个直辖市、27 个省会城市、5 个计划单列市及其他 14 个 2020 年 GDP 排名靠前的城市）用户数占全国总用户数的 32.08％，其用户平均停电时间 4.79h/户，比全国平均值低 7.08h/户。

2020 年 50 个主要城市的用户平均停电时间总体上大幅减少。北京、上海、

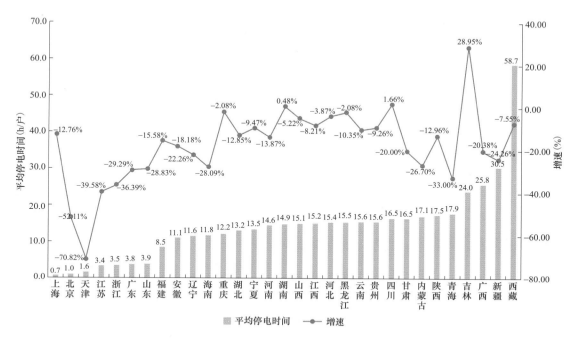

图 5 - 14 2020年各省级行政区的用户平均停电时间与增速

广州、深圳、厦门、青岛、济南、南京、杭州、佛山的用户平均停电时间低于
1h/户，重庆、长春、呼和浩特、南昌和拉萨的用户平均停电时间超过 10h/户；
50 个主要城市中有 15 个城市的用户平均停电时间同比减少超过 50%，其中，
青岛、天津的用户平均停电时间同比减少超过 70%，分别为 74.32% 和
70.82%。2020 年 50 个主要城市用户平均停电时间见表 5 - 1。

表 5 - 1   2020 年 50 个主要城市的用户平均停电时间

用户平均停电时间范围	城　　市	
少于 1h/户	北京、上海、广州、深圳、厦门、青岛、济南、南京、杭州、佛山	
1~2h/户	天津、宁波、福州、苏州、绍兴、东莞	
2~5 h/户	大连、武汉、海口、烟台、常州、无锡、扬州、南通、盐城、徐州	
5~10h/户	哈尔滨、沈阳、成都、西安、石家庄、太原、合肥、郑州、长沙、兰州、西宁、银川、乌鲁木齐、南宁、昆明、贵阳、唐山、温州、泉州	
大于 10h/户	重庆、长春、呼和浩特、南昌、拉萨	

5.2 典型停电事件分析

2020 年以来，美洲和亚洲等地区发生 5 次大面积停电事故，给当地经济社会带来巨大的负面影响。表 5 - 2 列出了 2020 年以来的典型停电时间，其中 2020 年的几次大停电事件在 2020 年《国内外电网发展分析报告》中已有论述，下面仅对 2021 年巴基斯坦、美国得州和中国台湾大停电事件进行分析。

表 5 - 2   2020 年以来典型大规模停电事件信息表

事故分类	时间	地区	影响
输电线路故障	2020 年 5 月 5 日	委内瑞拉首都加拉加斯在内的 23 个州	7 个州停电率在 70% 左右，12 个州停电率在 50% 左右
光伏电站占比高，负荷需求大叠加，体制分散	2020 年 8 月 14 至 18 日	美国加州	多达 330 万用户受到影响
电厂故障	2021 年 1 月 9 日	巴基斯坦	超过 2 亿民众受到影响
自然灾害	2021 年 2 月 15 日 至 2 月 19 日	美国得克萨斯州	最多影响人口达到 450 万
人为误操作	2021 年 5 月 13 日	中国台湾	共约 400 万户受到直接影响

5.2.1 2021 年 1·9 巴基斯坦大停电

受信德省古杜（Guddu）电厂故障影响，巴基斯坦引发全国范围停电事故，部分地区停电时长达 18h，给当地经济社会正常运行造成巨大影响。

（一）事故经过与影响

当地时间 1 月 9 日（周六）晚 11 点 41 分，古杜电厂发生故障，古杜变电站保护未能正常动作，引发多个电厂相继脱网等一系列连锁反应，电网频率 1s 内由 50Hz 降为 0Hz，巴基斯坦全国电力系统崩溃，约 10 320MW 电力受阻。事故发生后，通过塔贝拉等电站紧急启动，1 月 10 日（周日）上午开始，首都伊斯兰堡、拉瓦尔品第、费萨拉巴德、拉合尔等地区陆续恢复供电。事故发生

18h 以后，该国大部分地区已完全恢复电力供应。本次事故导致巴经济社会运行遭受严重影响，几乎所有地区一度供电中断，包括首都伊斯兰堡、经济中心卡拉奇、第二大城市拉合尔等，超过 2.12 亿民众受到影响。

（二）原因分析

该次停电事故中涉及三方主体，中央发电公司（CPGC）、国家输配电公司（NTDC）和国家电力控制中心（NPCC），中央发电公司负责运营古杜电厂，国家输配电公司负责运营该国的电网设施，国家电力控制中心负责电源调度以实现电力供需平衡。原因分析如下：

古杜电厂事故是诱因。中央发电公司古杜公司负责人恩格•哈默德•阿默尔•哈希米（Engr Hammad Amer Hashmi）证实人为原因引发古杜电厂事故，并进一步导致大停电发生，已对涉事电厂经理及七名员工做出停职处理。

保护未正确动作是导致事故扩大的主要原因。如古杜变电站保护系统正常动作，就能够将南部和北部电网分开，从而避免事故扩大。但是，古杜变电站长期以来处于更新和维护不足的状态，近年来多次发生停电事故。

本事故发生的深层次原因包括两个方面，一是调度能力不足。国家电力控制中心未能及时监测到古杜电厂和变电站的故障，并未提前布置相应调度辅助措施，以保障电网运行。二是电网基础设施薄弱。该国输电系统由南至北采用单链式 500kV 结构，且古杜电厂处在枢纽位置，与委内瑞拉大停电时委内瑞拉电网结构非常相似。另外，巴基斯坦国内电网建设还不满足负荷需求，输电系统容量与负荷需求容量缺额约 3000MW。受交流电网崩溃影响，国家电网的 ±600kV 默拉特高压直流线路停运。

5.2.2 2021 年 2•15 美国得州大停电

（一）得州电网概况

（1）电网概况。

得州电力系统主要为 ERCOT 调度区。ERCOT 调度区覆盖得州 75% 的地域面积和 90% 的负荷，区内第一大电源为天然气发电机组，同时以风电为主的新能源发电装机占比较高，但与外部地区的电力互联薄弱，系统较为独立。

装机容量方面，天然气发电机组占比接近一半。截至 2020 年底，ERCOT 调度区内总装机容量约 1.08 亿 kW，其中天然气发电机组占比 47.45%，新能源发电占比 34.5%，煤电 12.5%，核电 4.73%。

发电量方面，天然气发电量比重与装机容量比重相当。2020 年 11 月得州总发电量为 344 亿 kW·h，其中天然气发电量占 45%，非水可再生能源发电量占 26%，燃煤发电量占 19%。

用电负荷方面，冬季高峰不及夏季高峰。历史最大负荷为 7482 万 kW，出现在 2019 年夏季；最大冬季负荷为 6592 万 kW，出现在 2018 年。

外部互联方面，输电容量较小。ERCOT 通过五回直流联络线同美国东部电网的西南电力池（Southwest Power Pool，SPP）和墨西哥电网相连，总容量为 125 万 kW。

（2）管理概况。

得州政府下设的得州公用事业委员会（PUCT）负责对得州的电力调度机构（ERCOT）进行监管，其管理范围包括财务权、预算权和运营权，并由州立法机构进行监督。ERCOT 负责组织电力批发交易，并维护电力批发市场的竞争性，保证电力系统的可靠性，确保电力输电服务的开放性，以及保持零售市场竞争的充分性。ERCOT 负责管理的电力传输线路约 74 834km。ERCOT 市场参与者超过 1400 个，主要包括：授权计划实体、负荷服务实体、输电服务供应商、配电服务供应商、电源实体。

（二）大停电过程

2 月 12 日至 14 日，受暴风雪影响，得州出现罕见低温，用户电采暖负荷快速上升。

2 月 14 日，ERCOT 发布公告称，天然气短缺和风机冰冻导致电力供应紧张，号召居民和商业用户采取节电措施，当日 19 时左右用电负荷破冬季峰值纪录，达到 6922 万 kW。

2 月 15 日凌晨 1:25，由于大批发电机组被迫停运导致电力供应缺口较大，ERCOT 宣布启动最高等级的三级紧急状态，针对居民用户和小型工商业用户采取轮流停电措施。一小时内限电负荷达 1050 万 kW，影响约 200 万户家庭。

2 月 15 日全天，最高限电负荷达到 2000 万 kW，被迫停运机组容量最高达到 5227 万 kW，占总装机容量的 48.6%，如图 5-15 所示。天然气发电机组被迫停运容量从 1100 万 kW 骤升至 2600 万 kW 左右，风电机组被迫停运容量从 1500 万 kW 上升至 1700 万 kW 左右。外部电力支援方面，最初阶段，美国东部电网和墨西哥电网通过直流线路保持最大功率输电，但 7 时左右，墨西哥北部六个州也由于电力供应不足发生大规模停电，对得州的电力支援停止，如图 5-16 所示，外部电网最大输电容量不足得州电力需求的 2%。得州电力现货市场各区域多时段电价升至 8000 美元/（MW·h）以上，最高触及 9000 美元/（MW·h）的限价，约折合人民币近 60 元/（kW·h）。

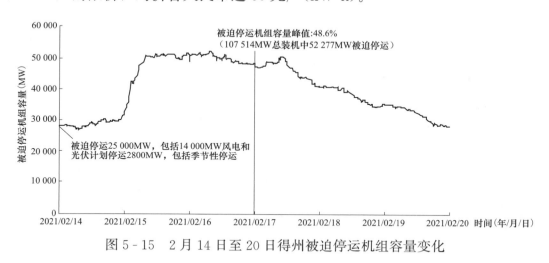

图 5-15 2 月 14 日至 20 日得州被迫停运机组容量变化

2 月 16 日上午，得州气温降至近 30 年最低，属于极度寒冷天气，比如达拉斯为 -19℃。停电人口最高达到 450 万，电力市场实时系统电价长时间保持在 9000 美元/（MW·h）的限价。

2 月 17 日上午，得州气温逐渐回升，电力缓慢恢复，停电人口降至 330 万，限电负荷下降至 1400 万 kW。电力系统中被迫停运的机组仍有约 5000 万 kW，其中燃气机组约 2600 万 kW，风电机组约 1700 万 kW，如图 5-17 所示。

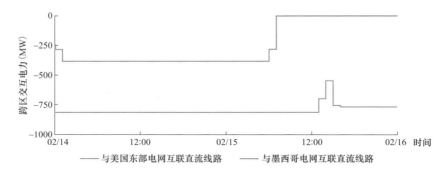

图 5-16　2 月 14 日至 16 日得州与周边电网交互电力情况

图 5-17　2 月 14 日至 20 日得州各类型机组被迫停运容量变化

2 月 17 日晚间，ERCOT 单日已恢复了约 800 万 kW 负荷，相当于 160 万户家庭恢复供电，系统中被迫停运机组容量降至 4300 万 kW。

2 月 18 日上午，停电人口降至 48.6 万，发电能力逐渐恢复。15 日用电负荷达到高峰后采取轮流停电措施，17 日开始负荷缓慢恢复。

2 月 19 日上午，得州三级紧急状态取消，停电人口降至 19 万人，被迫停运机组降至 3400 万 kW，电力市场实时电价恢复至正常水平。

2 月 20 日至 21 日，停电人口降至 3.3 万人，电力供应进一步恢复。

（三）停电原因分析

自然灾害为本次停电的直接诱因。2 月 12 日至 17 日，暴风雪 Uri 和 Viola 接连席卷美国南部、中西部和东北部地区，得克萨斯州为重灾区，不仅导致大面积停电限电，也造成原油、天然气等能源供应受阻。从物理基础和机制模式两方面剖析该大停电事故的深层次原因。

（1）物理基础方面。

从物理基础看，涉及电源、电网、负荷等多方面因素，用电负荷增长超预期，作为主力电源的天然气发电、煤电和风力发电出力锐减，跨区电力紧急支援能力不足。

电源侧，极端天气导致大量机组停运。天然气减产（得州在 14 日天然气日均产量下降近半）、输气管道受冻冰堵、风电机组叶片覆冰，导致大量燃气机组（约 2600 万 kW）、风电机组（约 1700 万 kW）、煤电机组（约 400 万～600 万 kW）等停运。得州电力系统总装机容量 1.08 亿 kW，被迫停运机组容量最高达到 5227 万 kW，占比 48.6%。2 月 15 日 1：25，系统备用容量低于 100 万 kW，触发了 ERCOT 三级紧急状态，针对居民用户和小型工商业用户采取轮流停电措施。

电网侧，跨区电力支援能力不足。得州电网相对孤立，仅通过 5 回直流与美国东部电网和墨西哥电网相联，区外电力支援能力 125 万 kW，不足最大负荷的 2%，紧急情况下无法提供有效支援。

负荷侧，用电负荷增长超预期。极寒天气导致电采暖负荷增长超出预期，2 月 14 日最大负荷达到 6922 万 kW，比前几日增长 10% 左右。停电限电期间，ERCOT 预测负荷峰值（不切负荷）7682 万 kW，最大切负荷达到 2000 万 kW，持续时间 70.5h。

（2）机制模式方面。

从机制模式看，涉及应急机制、管理体制、市场机制等多方面因素，应急预案考虑不周，稀缺电价机制导致电力供需紧张时电价飞涨，电力行业主体分散难以有效协调。

应急机制方面，应急预案考虑不充分。ERCOT 仅设计了电力缺口 1300 万 kW 的应急预案，而实际缺口远超应急预案考虑范围，短时间内难以提出和实施科学有效的解决方案。

市场机制方面，稀缺定价机制导致电力供需失衡时电价飞涨。与加州、PJM 等采用容量市场不同，得州采用单纯电能量市场稀缺电价机制，通过供需紧张时的高电价来引导容量投资。2 月 14 至 2 月 19 日期间，ERCOT 平均实时电价达到 6579.59 美元/（MW·h），最高超过 9000 美元/（MW·h），平均日前电价达到 6612.23 美元/（MW·h）。对比 2020 年 2 月，平均实时电价和日前电价分别仅为 18.27 美元/（MW·h）和 17.74 美元/（MW·h）。

管理体制方面，电力行业主体分散难以高效协调。ERCOT 仅负责系统调度和市场运行，发输配售功能则分属不同发电企业、输配电企业、售电企业，数量超过 1400 个，ERCOT 不具有发电设备、输配电设备等的产权、运营权和运行权，紧急情况下难以高效统筹协调。

5.2.3 2021 年 5·13 中国台湾大停电

5 月 13 日，中国台湾地区遭遇无预警大规模停电，尽管采取了轮流限电措施，仍然造成全台各县市共约 400 万户，以及 1319 万户次受到直接影响，仅次于影响 668 万户的 2017 年台湾 8·15 大停电，是台湾历史上第二大停电事故，引起岛内外的广泛关注。

（一）事故经过

当地时间 5 月 13 日（周四）14：37，高雄市路竹区路北 345kV 变电站母线发生接地短路故障，引发兴达电厂 4 台发电机组脱网，损失出力约 220 万 kW，约占事发时负荷 3630 万 kW 的 6%，如图 5-18 所示。机组脱网导致电网启动低频减载装置，造成大量负荷中断，其中包括台湾疫情指挥中心、台当局疫情记者会现场等重要用户。

事故后，台湾电力公司为保持电力系统稳定运行，从 15：00 起，针对不同用户共执行 6 轮紧急轮流停电，每轮停电时间 50min，影响户数为 130 万～230 万户。最终在当日 20：00 恢复正常供电，民众受影响时间长逾 5h。

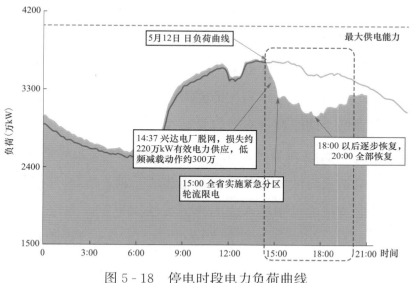

图 5-18　停电时段电力负荷曲线

（二）直接原因分析

人为误操作导致事故发生。操作人员误操作造成 345kV 变电站母线故障，引发兴达电厂机组脱网、系统频率快速下降、低频减载装置启动等一系列连锁反应，导致大范围停电事故发生。

备用容量未及时发挥作用大大制约停电恢复进度。事故发生前，台湾电网备用容量约 368 万 kW，大于脱机机组容量 220 万 kW，如果备用容量能够及时发挥作用，长时间限电应该能够避免，但实际限电长达 5h，初步推断可能受台湾网架结构、调度运行方式等因素制约，导致备用容量未能及时调用参与电力平衡。

5.3　电力系统面临极端天气的相关举措

5.3.1　薄弱环节

厄尔尼诺现象、拉尼娜现象的出现具有不确定性，一般 2～11 年发生一次，但近年，由于全球气候变化，极端天气发生频次越来越高。面对极端天气多发威胁，电力系统源网荷侧均存在薄弱环节。

（1）电源侧，火电厂燃料供应受极端天气影响较大，发电设备抗灾能力有待提升，新能源涉网性能偏低。

一是火电厂燃料供应链会受极端天气影响。极端天气可能造成发电厂一次能源供应困难，比如极寒天气降雪、低温等环境下，煤炭运输路况恶劣、天然气输送管道压力降低、储能设备有效容量减少等。

二是发电设备容易遭到破坏。雨夹雪、台风等环境会导致风机叶片结冰、设备损坏，光伏电站长时间无光，造成发电出力下降。2020 年底寒潮期间，湖南 600 万 kW 风电装机容量中超八成因冰冻无法发电，出力仅 20 万 kW，给电网保供带来巨大压力。2021 年 2 月，美国得州因极端天气导致风电、燃气和煤电机组大量停运。

三是新能源机组抗冲击能力差。随着"双碳"目标落实和新型电力系统的构建，新能源发电装机将逐渐占主导地位，目前其涉网性能仍低于常规机组，容易受其他设备故障影响出现大规模脱网，引发严重的连锁性故障。2019 年 8·9 英国大停电事故中，起初是燃气发电站故障导致系统频率下降，继而风电场受到波动出现脱网造成事故扩大。

（2）电网侧，部分地区电网网架仍然薄弱，地下/半地下变电站、电缆混敷等多种挑战风险始终存在。

一是国内外部分地区电网网架仍然薄弱。中国部分城市由于土地资源紧张、拆迁难度大等原因，新建输电通道及变电站困难，存在"单供""串供"等问题。部分乡村电网处于电网末端，以辐射型网络为主，"串藤结瓜"现象严重，目前在西藏、新疆南疆和四川等地仍存在县域电网和主网联系薄弱等问题，抗灾能力弱，容易引发大面积停电事故。南美洲、非洲、东南亚等国外地区网架结构薄弱，电网互联程度较低。从 2019 年 3·4 委内瑞拉大停电看，该国东部电源基地向西部负荷中心输电走廊单一、链条长，网架结构不甚合理，单一故障后容易发生大面积停电事故，且故障后支援难度大、恢复时间长。从 8·4 印度尼西亚雅加达大停电看，印度尼西亚众多岛屿之间电网互联程度较低，互助能力不足，一旦某一区域停电，无法有效利用区域外电力进行救济。

二是地下与半地下变电站、电缆等应用带来新的运行风险。近年来，部分城市建设地下/半地下变电站，电网电缆化率持续攀升，不同电压等级电力电缆同通道密集敷设不断增多。一旦发生城市内涝等灾害，地下/半地下变电站、电缆管道积水严重，存在抢修、复电困难，容易造成中心城区停电，危害城市公共安全。

三是灾害条件下应急指挥及通信保障需要加强。调度通信大楼、数据中心等重点场所的地下配电设施和机房易受洪涝灾害影响，出现大面积停运，影响应急信息采集和应急指挥通信，抢修沟通无法正常进行。

（3）用户侧，应急电源配置亟待加强，统一安全管控工作难度不断加大。

一是高危及重点用户自备应急电源配置不足。国防、化工、交通运输、煤矿等重要设施和用户是电网供电的高危及重要客户，一旦极端天气造成外部电源中断，自备应急电源对持续供电非常关键。国家已出台相应的技术标准和高层民用建筑消防安全管理规定，引导重要电力用户科学合理配置自备应急电源，但中国高危及重要客户自备应急电源配置符合要求的比例还不高。

二是统一安全管控难度不断加大。近年来，风电、光伏等分布式电源大量接入电网，电力安全责任主体分散且安全保障能力参差不齐。点多面广的终端设备，在没有实现可观可测可控的情况下，给调度运行带来很大挑战，统一安全管理、统一调度工作有待加强。

5.3.2　相关举措

一是增强发电能源供应链韧性，深化新型电力系统运行机理研究。完善电厂燃料储备动态联动等机制，将煤炭、天然气等供应主体更紧密地纳入电力安全运行保障生态圈，形成更有效的能源供应体系，确保极端天气下电力供应。加大在新能源功率预测、并网标准、仿真模型等领域的研究，准确把握运行机理，完善相关标准，推动新能源参与电力系统调频调压，加强新能源次同步谐波管理，保障电网安全稳定运行。

二是加快"补短板"工程建设，强化关键枢纽设施保护。加快推进特高压重点工程、抽水蓄能电站以及直流送受端调相机核准、建设工作，加强直流送端配套电源建设力度。在路径规划、用地审批等方面给予支持，避免新增密集通道，在洪涝灾害多发地区减少地下/半地下变电站、地下配电设施、地下通信机房。

三是建立健全电网安全管控、专业合作和政企联动应急响应机制。推动用户配置充足自备应急电源及非电保安措施，促进从源头提高高危及重要客户用电安全水平。落实分布式电源、微电网等新增主体及大用户、设备厂家安全责任。构建国家气象部门与电网企业间技术和数据服务机制，继而形成公司电力气象预警响应体系，实现快速响应与高效指挥协调。

四是加大财税、电价等政策支持力度，加强关键技术攻关力度。研究源网荷储新增成本疏导问题，健全价格体系，按照"谁受益、谁承担"原则，由各市场主体共同承担能源发展转型成本。通过输配电价合理疏导电网建设运营成本，还原电力商品价值属性。充分发挥中国体制优势，在财务、税收等方面积极鼓励科技创新，推动电力"卡脖子"核心关键技术研发，促进自主创新技术发展、迭代和应用。

6

推动新型电力系统构建下电网发展相关问题专题研究

随着碳达峰、碳中和进程的加快推进，能源生产加速清洁化、能源消费高度电气化、能源配置日趋平台化、能源利用日益高效化。能源格局的深刻调整，必将给电力系统带来深刻变化。构建以新能源为主体的新型电力系统是清洁低碳、安全高效能源体系的重要组成部分，是未来电力系统工作重点，供给主体是新能源，基本前提是确保能源电力安全，首要目标是满足经济社会发展对电力的需求。电网作为能源传输、转换的枢纽，在服务和助力电力系统清洁低碳转型以及全社会双碳目标实现等方面承担重要角色。

电源侧，新能源装机、发电量占比及电力电子化程度提高，系统特征将呈现由量变向质变的转换，新能源具有的强波动性、弱致稳性、低惯性、弱抗干扰性，持续影响设备个体和系统整体的动态行为，将重塑电力系统运行特性。电网侧，大电网与微电网、局部电网等多形态电网并存，交流与直流互联网电网并存，将对系统平衡方式、安全保障机制带来较大影响。负荷侧，电动汽车、储能、虚拟电厂等多元负荷及聚合类型大量出现，导致负荷组织形式多样化，同时负荷受气温的影响越来越明显，负荷结构中第三产业及居民生活用电比重上升，其中降温、采暖等气温敏感负荷占比较大，导致负荷尖峰、峰谷差持续拉大，冬季、夏季高峰负荷明显。

双碳目标下新型电力系统的构建，将对电网安全高效运行带来全局性、系统性的挑战，以下主要从系统灵活调节能力、安全责任共担、应急协同保障、技术创新应用等方面对电网发展提出相关建议。

（一）提升电力系统灵活调节能力

新能源发电、负荷需求不确定性造成的供需双向不匹配导致电力保障的充裕性与灵活性难以保障。充裕性不足主要表现在高比例新能源接入下夏冬负荷高峰期间电力供应紧张，尤其是极端气候等情况下保供难度大；灵活性不足主要表现在电力电量时空不平衡，短时电力与长时间尺度电量不平衡，尤其在新能源成为发电量主体情况下季节性电量不平衡问题更为突出，同时存在新能源容量大量过剩与高峰发电出力不足等问题。

一是建立多层级源网荷储多时间尺度灵活性资源池，满足应对系统不确定性的灵活性平衡需求。 遵循能源电力的客观规律，大力发展新能源的同时，统筹好常规电源、灵活电源的发展；更好发挥源网荷储一体化和多能互补在保障电力供需平衡作用，强化源网荷储各环节间协调互动，充分挖掘系统灵活性调节能力和需求侧资源，强化多能互补及源网荷储一体化，明确元件级灵活性的调整方向，保障应对不确定性所需的各维度、各时间尺度灵活性。系统应用源网荷储间不同维度灵活性，优化灵活性资源规划方案，保障电力电量平衡。

二是充分利用新能源时空互补特性，深化气象预测技术应用，提升新能源自身调节能力。 新能源地域分布越广，聚合规模越大，由于风光自然资源的天然互补特性，新能源发电的波动性就越弱。充分利用风光水自然资源的时差和互补性，匹配新能源建设规模时序，为互补平衡建立网架基础，有效提高新能源发电最小出力水平。深化气象技术、信息化技术、人工智能技术应用，根据时空尺度上更为精细化的气象数据，有效提升新能源功率预测精度。建立极端强降温过程中长期预测模型，在新能源功率预测中充分考虑寒潮等极端天气影响，提升极端天气下功率预测的准确性。

（二）建立电网安全责任共担机制

电网形态由单向逐级输电为主的传统电网，向包括交直流混联大电网、微电网、局部电网和可调节负荷的能源互联网转变，系统运行特性向大电网与多形态电网协同模式转变，尤其在配电网层面需强化分区平衡及安全保障。

一是考虑局部配电网、微电网自平衡能力，以自下而上的分层分区网格化平衡方式保障系统平衡。 电网规划主要采用电力电量总量平衡方式规划，在市县电网规划中，尤其在高渗透率分布式电源、负荷尖峰突出等地区，充分利用局部配电网、微电网内部灵活资源的平衡能力，以供电网格为电力电量平衡单元，利用供电网格单元自平衡以及网格间的平衡互济，统筹配电网与大电网平衡能力，配电网存在功率缺额情况下由大电网平衡，若存在潮流向输电网的倒送，需加强输配协同规划，在输电网规划中考虑配电网潮流变化对输电网运行状态影响。

二是强化大电网与微电网、局部电网的分区安全保障。局部配电网、微电网或将成为配电网层面的重要形态，呈现区块化、协同化特征。为避免发生故障时局部配电网、微电网对主网支撑的高度依赖，导致主网调节负担过重，需建立配电网层面分区自平衡机制，要求局部配电网、微电网等分布式系统具有一定的安全保障责任，利用自平衡能力，明确承担一定比例的本区域负荷，有效保障本地新能源就地消纳和负荷供给。对于虚拟电厂、负荷聚集商等聚合体，可以在运行过程中将保持一定比例装机容量的热备用及承担安全稳定控制的责任作为准许其并网的标准。建立差异化的供电可靠性责任兜底机制，将责任边界设定在分布式系统的公共连接点。建立重要用户应急电源配置和监管机制，提升用户对电力安全的履责能力。

三是完善电网分区平衡单元参与的电力市场运行机制。借鉴德国电力市场中平衡基团❶设置，将配电网层面的微电网、虚拟电厂等作为一个虚拟的市场单元，同时强化平衡单元的自平衡能力。当单元内部达不到自平衡时，必须买入或卖出电量来保持平衡。平衡单元负责预测该区域内流入与流出电量，根据需要买入或卖出电量平衡该区域，由上级电网在内部平衡之后做出全区域的调度计划。当预测和实际发生偏差时，平衡单元须承担一定的平衡成本，促进平衡单元提高区域内新能源及负荷预测精度及调度响应水平。

（三）强化多主体安全应急协同保障

新能源跨越式发展，逐步成为装机和电量的主体，需强化新能源发挥安全主体责任，推动新能源逐步成为合格市场主体。电网应急涉及主体多元，极端情况应急保障难度更大，需强化多主体电网应急响应联动能力。电网与数字化技术深度融合背景下网络安全风险加大，需保障开放环境下电力关键基础设施安全。

---

❶ 电网调节中虚拟的基本单元包含发电商、用户等各类电网参与主体。

一是提高新能源并网标准，强化新能源主体安全履责能力。目前国家行业均出台了新能源并网标准，解决了部分新能源电网适应性弱、功率控制能力不足、电压穿越能力缺失等问题，随着新能源成为主体电源，承担的调节责任也应相匹配，并网标准需及时更新，提高并网调节支撑能力要求，以新能源控制能力、配套储能与无功补偿等装置确定调节能力，重视新能源发电设备标准对极端气候的适应性。

二是完善电网内外部应急响应联动机制，保障极端情况下应急的及时性、有效性。按照"区域相邻、灾害相近"等原则，重点开展"京津冀""长三角"及沿海台风、中部雨雪冰冻等区域协调联动机制建设，针对性地明确电网应急响应启动原则、工作方式等。强化政企应急联动、预警预报和信息共享，及时发现险情苗头，科学研判极端事件发展态势，及时启动相应等级预案。针对重大自然灾害监测预警，建立健全与政府气象、地质部门的技术和数据服务等协作机制，建设统一自然灾害监测预警平台。完善产业链应急联动机制，推动建立政府、企业和社会各负其责的燃料供应储备体系，确保极端情况下电力的可靠供应。

三是推动建立网络安全协同治理体系，提升多主体网络应急协同水平。电网智能终端、大规模传感器及量测计算装置等广泛存在，因网络攻击渠道多样，防御难度加大。随着电网开放共享程度加大，数据信息与外部的交互共享更为频繁，包括政府、产业链上下游、交通等，若发生网络安全问题，将带来连锁性反应，甚至导致系统瘫痪。因此需推动政府组织电网企业、设备供应商、用户及产业链其他环节市场主体，共同建立网络安全协同治理体系，共同制定标准规范，明确各主体安全责任与义务，形成更为体系化、主动有序的安全治理。持续优化网络安全顶层设计，夯实网络安全三道防线，确保不发生网络重大安全事故。健全网络安全风险评估与能力评价机制，完善网络安全应急体系。

（四）加强新型电力系统支撑技术创新驱动

一是强化新型电力系统规划运行基础支撑技术。建立基于海量场景和时序生产模拟的灵活资源规划方法，考虑新能源发电时空互补特性的电力电量平衡方法。构建双高特性下电力系统安全稳定运行控制，以及仿真评估和安全防御体系。应用模块化潮流控制技术，基于柔性直流、FACTS 技术研发输配层面模块化潮流控制技术，实时重新分配潮流，解决高比例新能源波动导致的部分网络阻塞，而另一些网络容量闲置问题，最大程度利用现有电网资源和消纳新能源。研究灵活直流组网技术，针对风电场组网和集中送出、区域电网互联等场景，探索灵活直流组网技术，实现多电源输入和多落点供电，有效提升系统灵活控制能力和供电可靠性。强化负荷侧海量分布式资源的广域云调度控制技术应用，利用终端先进信息通信和控制技术，基于"云-管-边-端"分布式资源云控制框架，研究海量分布式资源的集群批量控制技术，构建分布式资源的广域云调度控制系统。突破大容量长周期储能技术，利用大容量电化学储能、压缩空气储能、熔融盐储热、氢能等技术，参与系统长周期（周、月、年）调峰，平衡长周期不平衡电量，解决新能源出力与负荷的供需不平衡问题。

二是积极部署前瞻性、颠覆性技术攻关和应用。统筹协同公司系统科研产业单位，布局多能转换与综合利用、新型电工装备等前瞻技术的研究，开展新型电力系统标准体系的建设。跟踪关注可控核聚变发电、超导输电、管廊输电（输氢）等颠覆性技术的进展。联合外部力量，建立技术联盟，开展深远海的风电接入和输送，碳捕集、利用与封存（CCUS），电制氢和氢利用等技术的研发。

参 考 文 献

［1］ World Bank. GDP（constant 2015 US＄）［EB/OL］. ［2021 - 10 - 15］. https：//data. worldbank. org/indicator/NY. GDP. MKTP. KD.

［2］ Enerdata. Energy Statistical Yearbook 2021 ［EB/OL］. ［2021 - 10 - 15］. https：//www. enerdata. net/publications/world - energy - statistics - supply - and - demand. html.

［3］ NERC. Long term reliability assessment ［EB/OL］. ［2021 - 10 - 15］. https：//www. nerc. com/pa/RAPA/ra/Pages/default. aspx.

［4］ ENTSO - E. TYNDP 2020 ［EB/OL］. ［2021 - 10 - 15］. https：//tyndp. entsoe. eu/.

［5］ OCCTO. Annual Report F. Y. 2020 ［EB/OL］. ［2021 - 10 - 15］. https：//www. occto. or. jp/en/information_disclosure/annual_report/210210_OCCTO_annualreport_ 2020. html.

［6］ Eletrobras. Relatório Anual 2020 ［EB/OL］. ［2021 - 10 - 15］. https：//eletrobras. com/pt/ Paginas/Relatorio - Anual. aspx.

［7］ PGCIL. Annual Report - Final 2020 ［EB/OL］. ［2021 - 10 - 15］. https：//www. pow- ergridindia. com/annual - reports.

［8］ POSOSO. Monthly Report 2020 - 2021 ［EB/OL］. ［2021 - 10 - 15］. https：//posoco. in/reports/monthly - reports/.

［9］ CEA. Executive Summary of Power Sector 2020 ［EB/OL］. ［2021 - 10 - 15］. https：//cea. nic. in/executive/executive - summary - of - power - sector - executive - summary - janu- ary - 2020/? lang＝en.

［10］ RPSO. UES of Russia ［EB/OL］. ［2021 - 10 - 15］. https：//br. so - ups. ru/

［11］ Globaldata. Countries ［EB/OL］. ［2021 - 10 - 15］. https：//power. globaldata. com/ Geography/Index.

［12］ 中国电力企业联合会. 中国电力行业年度发展报告 2021 ［M］. 北京：中国建材工业

出版社，2021.

［13］电力规划设计总院. 中国能源发展报告 2021 ［M］. 北京：人民日报出版社，2021.

［14］电力规划设计总院. 中国电力发展报告 2021 ［M］. 北京：人民日报出版社，2021.

［15］国家统计局. 中华人民共和国 2020 年国民经济和社会发展统计公报 ［EB/OL］.
［2021 - 10 - 15］. http://www. stats. gov. cn/tjsj/zxfb. /202102/t20210227_1814154.
html.